职业教育土建类专业"十四五"规划教材

Building

JIANSHE GONGCHENG JIANLI

建设工程监理

主 编 朱晓军

副主编 周 林 张丽妹

U0344188

中南大学出版社
www.csupress.com.cn
·长沙·

内容简介

本书为高等职业院校土建类专业规划教材。全书共 12 章，包括概述，建设工程监理企业、人员与监理组织，施工阶段监理工作，监理大纲、监理规划和监理实施细则，建设工程质量控制，建设工程进度控制，建设工程投资控制，建设工程施工安全控制，建设工程合同管理，建设工程监理资料管理，建设工程设备采购与设备监造，以及相关服务。

本书可作为高等职业院校工程监理、建筑工程技术、工程造价和工程管理等专业的教材，也可作为相关专业技术人员的学习参考用书。

职业教育土建类专业"十四五"规划教材
编审委员会

主 任
（按姓氏笔画为序）

王运政　玉小冰　刘 霁　刘孟良　宋国芳　郑 伟
赵 慧　赵顺林　胡六星　彭 浪　谢建波　颜 昕

副主任
（按姓氏笔画为序）

向 曙　庄 运　刘文利　刘可定　刘锡军　孙发礼
李 娟　李玲萍　胡云珍　徐运明　黄 涛　黄桂芳

委 员
（按姓氏笔画为序）

万小华　王四清　卢 滔　叶 姝　吕东风　伍扬波
刘 靖　刘小聪　刘可定　刘汉章　刘旭灵　刘剑勇
许 博　阮晓玲　阳小群　孙湘晖　杨 平　李 龙
李 奇　李 侃　李 鲤　李亚贵　李延超　李进军
李丽君　李海霞　李清奇　李鸿雁　肖飞剑　肖恒升
何 珊　何立志　何奎元　宋士法　张小军　张丽姝
陈 晖　陈 翔　陈贤清　陈淳慧　陈婷梅　林孟洁
欧长贵　易红霞　罗少卿　周 伟　周 晖　周良德
项 林　赵亚敏　胡蓉蓉　徐龙辉　徐运明　徐猛勇
高建平　黄光明　黄郎宁　曹世晖　常爱萍　彭 飞
彭子茂　彭仁娥　彭东黎　蒋 荣　蒋建清　喻艳梅
曾维湘　曾福林　熊宇璟　魏丽梅　魏秀瑛

出版说明 INSTRUCTIONS

为了深入贯彻党的十九大精神和全国教育大会精神，落实《国家职业教育改革实施方案》（国发〔2019〕4号）和《职业院校教材管理办法》（教材〔2019〕3号）有关要求，深化职业教育"三教"改革，全面推进高等职业院校土建类专业教育教学改革，促进高端技术技能型人才的培养，依据国家高职高专教育土建类专业教学指导委员会高等职业教育土建类专业教学基本和国家教学标准及职业标准要求，通过充分的调研，在总结吸收国内优秀高职高专教材建设经验的基础上，我们组织编写和出版了这套高职高专土建类专业规划教材。

高职高专教学改革不断深入，土建行业工程技术日新月异，相应国家标准、规范，行业、企业标准、规范不断更新，作为课程内容载体的教材也必然要顺应教学改革和新形式的变化，适应行业的发展变化。教材建设应该按照最新的职业教育教学改革理念构建教材体系，探索新的编写思路，编写出版一套全新的、高等职业院校普遍认同的、能引导土建专业教学改革的系列教材。为此，我们成立了规划教材编审委员会。规划教材编审委员会由全国30多所高职院校的权威教授、专家、院长、教学负责人、专业带头人及企业专家组成。编审委员会通过推荐、遴选，聘请了一批学术水平高、教学经验丰富、工程实践能力强的骨干教师及企业专家组成编写队伍。

本套教材具有以下特色：

1. 教材符合《职业院校教材管理办法》（教材〔2019〕3号）的要求，以习近平新时代中国特色社会主义思想为指导，注重立德树人，在教材中有机融入中国优秀传统文化、四个自信、爱国主义、法治意识、工匠精神、职业素养等思政元素。

2. 教材依据教育部高职高专教育土建类专业教学指导委员会《高职高专土建类专业教学基本要求》及国家教学标准和职业标准（规范）编写，体现科学性、综合性、实践性、时效性等特点。

3. 体现"三教"改革精神，适应高职高专教学改革的要求，以职业能力为主线，采用行动导向、任务驱动、项目载体，教、学、做一体化模式编写，按实际岗位所需的知识能力来选取教材内容，实现教材与工程实际的零距离"无缝对接"。

4. 体现先进性特点，将土建学科发展的新成果、新技术、新工艺、新材料、新知识纳入教材，结合最新国家标准、行业标准、规范编写。

5. 产教融合，校企双元开发，教材内容与工程实际紧密联系。教材案例选择符合或接近真实工程实际，有利于培养学生的工程实践能力。

6. 以社会需求为基本依据，以就业为导向，有机融入"1+X"证书内容，融入建筑企业岗位(八大员)职业资格考试、国家职业技能鉴定标准的相关内容，实现学历教育与职业资格认证的衔接。

7. 教材体系立体化。为了方便教师教学和学生学习，本套教材建立了多媒体教学电子课件、电子图集、教学指导、教学大纲、案例素材等教学资源支持服务平台；部分教材采用了"互联网+"的形式出版，读者扫描书中的二维码，即可阅读丰富的工程图片、演示动画、操作视频、工程案例、拓展知识等。

职业教育土建类专业"十四五"规划教材

编 审 委 员 会

前 言 PREFACE

建设工程监理是我国工程建设领域重要的管理制度,建设工程监理制在促进工程建设健康发展,保证工程建设质量等方面起到了重要作用。

本教材自2016年初次出版以来,受到了广大读者的好评。本次修订根据最新国家标准、法律法规、相关规定进行修改,同时根据教学反馈意见,对部分教材内容进行了调整。

本教材依据国家颁布的与建设工程监理相关的法律法规、技术标准,参考国内外有关资料,并结合当前建设工程监理的实际情况,同时根据学生需要掌握的知识能力情况进行编写。本教材编写注重突出职业教育特色,将传授理论知识和培养学生实践能力相结合,力求使学生在熟悉建设工程监理基本理论知识的基础上,更多地掌握建设工程监理工作的实际操作技能,教材具有先进性、实用性、综合性。本教材全书紧贴与建设工程监理相关的法律法规、技术标准,特别是《建设工程监理规范》(GB/T5 0319—2013)。通过本教材的学习,学生能够基本掌握《建设工程监理规范》(GB/T 50319—2013)关于工程监理工作的规定、方法、手段等,从而为学生在今后的工程监理工作中打下基础。

参加本教材编写的教师都具有丰富的一线教学经验和建设工程监理实践经历。本书由广东建设职业技术学院朱晓军主编,周林、张丽姝任副主编。第一至九章由朱晓军编写;第十章、第十一章由广东建设职业技术学院周林编写;第十二章由张丽姝编写。全书由朱晓军统稿定稿。

在本教材的编写过程中,参考并引用了许多相关技术资料和教材中的内容,在此向各位作者致以衷心感谢。

在编写过程中,由于编者的水平所限,不妥之处在所难免,恳请读者批评指正。

编 者

2021 年 10 月

目　录 CONTENTS

第1章 概 述

1.1 建设工程监理的基本概念

1.1.1 建设工程监理概念

建设工程监理是工程监理单位受建设单位委托,根据法律法规、工程建设标准、勘察设计文件及合同,在施工阶段对建设工程质量、进度和造价进行控制,对合同和信息进行管理,对工程建设相关方的关系进行协调,并履行建设工程安全生产管理法定职责的服务活动。

建设单位,一般也称业主,是"建设工程监理合同"的委托人,是建设工程项目的法人单位,全权承担工程项目的建设责任,拥有确定工程规模、工程方案、工程投资和工程标准,以及选择勘察、设计、施工和监理单位的决策权。

服务,是为集体(或他人的)利益或为某种事业而工作。服务是为他人做事,并使他人从中受益的一种有偿或无偿的活动。服务不以实物形式而以提供劳动的形式满足他人的某种特殊需求。建设工程监理即是工程监理单位为建设单位提供监理服务。建设工程监理不同于政府建设行政主管部门的监督管理。政府建设行政主管部门的监督管理是依法行使的法定管理行为,具有依法强制性;建设工程监理则是工程监理单位依据相关合同开展的工作,并不具有依法强制性。政府建设行政主管部门与建设单位、工程监理单位和施工单位的关系是依法形成的;监理单位与建设单位、施工单位的关系则是通过相关合同确定的。工程项目参建单位相互关系如图1-1所示。

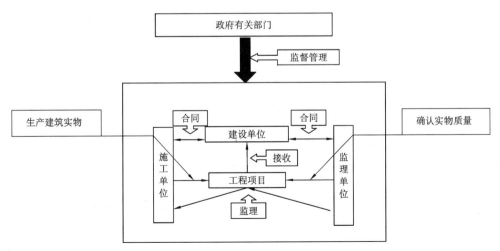

图1-1 工程项目参建单位相互关系

建设工程监理工作的行为主体是工程监理单位。《中华人民共和国建筑法》明确规定，实行监理的建设工程，由建设单位委托具有相应资质条件的工程监理单位实施监理。建筑工程监理工作只能由工程监理单位实施，其他单位不允许从事建设工程监理工作。建设单位自行管理、工程总承包单位或施工总承包单位对分包单位的监督管理都不是工程监理。因此，建筑工程监理工作的行为主体是工程监理单位。这是《中华人民共和国建筑法》对建设工程监理的要求。

建设工程监理工作的实施前提是建设单位的委托和授权。《中华人民共和国建筑法》规定，实行监理的建筑工程，由建设单位委托具有相应资质条件的工程监理单位监理。委托监理应当签订委托监理合同，要明确建设工程监理工作的范围、内容、权利、义务和责任等。没有建设单位的委托和授权，建设工程监理工作就不能开展，也无法开展。因此，建设工程监理工作的实施前提是建设单位的委托和授权。工程监理单位只有与建设单位以书面形式订立建设工程监理合同，明确监理工作的范围、内容、服务期限和酬金，以及双方的义务、违约责任后，才能在规定的范围内实施监理。工程监理单位在委托监理的工程中拥有一定管理权限，是建设单位授权，法律法规和规范标准规定的结果。

与国际上一般的工程项目管理咨询服务不同，建设工程监理是一项具有中国特色的工程建设管理制度，目前的工程监理不仅定位于工程施工阶段，而且延伸至建设工程勘察、设计和保修阶段。法律法规将工程质量、安全生产管理方面的责任赋予了工程监理单位。

1.1.2 我国建设监理制简介

1988 年 7 月建设部(1988)建字第 142 号文，颁发了《关于开展建设监理工作的通知》，标志我国建设工程监理制开始试点。同年 11 月，建设部又颁发了《关于开展建设监理试点工作的若干意见》，决定建设监理制先在北京、上海、南京、天津、宁波、沈阳、哈尔滨、深圳八市，以及能源、交通的水电与公路系统进行试点。1998 年 3 月 1 日起施行的《中华人民共和国建筑法》，以法律的形式规定我国在工程建设领域实行建设监理制度。《中华人民共和国建筑法》第三十条："国家推行建设工程监理制度。"这标志着我国正式以法律的形式规定了建设监理制，建设监理制度从此全面推行。建设工程监理制是我国工程建设领域管理体制的重大改革，其目标是通过引入第三方监理，实现提高建设工程的投资效益和社会效益。

建设工程监理制是我国工程建设领域中重要的管理制度。在我国的工程建设领域中，主要的管理制度有建设项目法人责任制、工程招投标制、工程监理制和合同管理制等。这些制度相互关联、相互支持，共同构成了我国工程建设领域管理的基本制度。

1. 建设项目法人责任制

为了建立投资约束机制，规范建设单位行为，原国家计委于 1996 年 3 月发布了《关于实行建设项目法人责任制的暂行规定》(计建设〔1996〕673 号)，要求"国有单位经营性基本建设大中型项目在建设阶段必须组建项目法人""由项目法人对项目的策划、资金筹措、建设实施、生产经营、债务偿还和资产的保值增值，实行全过程负责"。建设项目法人责任制的核心内容是明确由建设项目法人承担投资风险，建设项目法人要全面负责建设工程项目的建设及建成后的生产经营管理。建设项目法人责任制把项目建设与项目经营联系在一起，促使建设项目法人在建设期就必须统筹考虑生产经营期间的风险，以保证建设项目发挥其效益，避免盲目投资。

建设项目法人责任制与建设工程监理制的关系：

(1)建设项目法人责任制是实行建设工程监理制的必要条件。建设项目法人责任制的核心是要落实"谁投资、谁决策，谁承担风险"的基本原则。实行建设项目法人责任制，使建设项目法人面临一个重要问题，即如何做好投资决策和风险承担工作。建设项目法人为了切实承担其职责，需要社会化、专业化机构为其提供服务。这种需求为建设工程监理的发展提供了坚实基础。

(2)建设工程监理制是实行建设项目法人责任制的基本保障。实行建设工程监理制，建设项目法人可以依据自身需求和有关规定委托监理，在工程监理单位协助下，进行建设工程质量、投资、进度目标的有效控制，从而为在计划目标内完成工程建设提供了基本保证。

2. 工程招投标制

为了保护国家利益、社会公共利益，提高经济效益，保证工程项目质量，自 2000 年 1 月 1 日起开始施行的《中华人民共和国招标投标法》(国家主席令第 21 号)规定，在中华人民共和国境内进行的相关工程建设项目包括项目的勘察、设计、施工、监理，以及与工程建设有关的重要设备、材料等的采购，必须进行招标。承包单位通过投标获得标的。

工程招标投标制与建设工程监理制的关系：

(1)工程招标投标制是实行建设工程监理制的重要保证。对于法律法规规定必须实施监理招标的工程项目，建设单位需要按规定采用招标方式选择工程监理单位。通过工程监理招标，有利于建设单位优选高水平工程监理单位，确保建设工程监理效果。

(2)建设工程监理制是落实工程招标投标制的重要保障。实行建设工程监理制，建设单位可以通过委托工程监理单位做好招标工作，更好地优选施工单位和材料设备供应单位。

3. 合同管理制

工程建设是一个极为复杂的社会生产过程，由于现代社会化大生产和专业化分工，许多单位会参与工程建设之中，而各类合同是维系各参与单位之间关系的纽带，是保证工程建设各方权益的重要法律手段。

合同管理制与建设工程监理制的关系：

(1)合同管理制是实行建设工程监理制的重要保证。建设单位委托监理时，需要与建设工程监理单位建立合同关系，明确双方的义务和责任。建设工程监理单位实施工程监理时，需要通过合同管理控制工程质量、投资和进度目标。合同管理制的实施，为建设工程监理单位开展合同管理工作提供了法律和制度支持。

(2)建设工程监理制是落实合同管理制的重要保障。实行建设工程监理制，建设单位可以通过委托建设工程监理单位做好合同管理工作，更好地实现建设工程项目目标。

我国最早引入建设工程监理制的是 1982 年利用世行贷款建设的"鲁布革水电站"项目，通过"鲁布革水电站"项目认识到实施建设工程监理制的必要性。在此之前，我国的建设项目管理主要采取两种方式。一般工程项目，由建设单位自行管理，这种方式，建设单位在建设项目的建设期间，需要一批建设专门人才，但在建设项目完成后，由于后期运维不需要那么多建设专门人才，这批建设专门人才在所在单位则无专业对口工作可做，要么转行，要么调离。重大建设工程则先行组建建设工程指挥部负责建设项目，建设项目建设完成后，建设指挥部立即解散，建设项目移交给使用单位，这种方式，建设指挥部不承担后继经营的经济风险，因而在建设期时不会考虑后续经营情况对建设项目的影响，同时也存在着大量建设专门人才在建设项目建成后难以对口安排的问题。另外,一旦再有新的建设项目时,则又需要重新引进新的建设专门人才。这样的方式不利于建设工程管理经验的总结和传承。

自 20 世纪 80 年代开始,我国社会进入了改革开放的新时期。国家在建设领域采取了一系列的改革开放政策,建设投资的"拨改贷"、投资包干制、投资主体多元化改革,以及建设工程承包的招投标制改革等措施,使传统的建设管理方式越来越不适应新的投资管理方法。建设工程监理制也就应运而生。

我国的建设工程监理制经历了以下四个阶段。

第一阶段:引入阶段(1982—1987 年)

改革开放初期的 1982 年开始实施的利用世界银行贷款的"鲁布革水电站"项目,以及后继部分利用世界银行贷款实施的京津唐高速公路等项目,把国外先进的建设项目管理模式引入我国,并取得了良好的效果。

第二阶段:试点阶段(1988—1992 年)

1988 年 7 月,建设部发出了《关于开展建设监理工作的通知》,标志着我国开始试点实行建设工程监理制度。随即建设部发出的《关于开展建设监理试点工作的若干意见》,决定建设监理制先在北京、上海、南京、天津、宁波、沈阳、哈尔滨、深圳八市和能源、交通的水电与公路系统进行试点。经过几年的试点工作,对建设工程监理制给予了充分肯定。

第三阶段:发展阶段(1993—1995 年)

1993—1995 年,在全国地级以上城市全面开展建设工程监理制度的推广、发展。进一步对建设工程监理制进行总结。

第四阶段:全面推行阶段(1996—至今)

1996 年以后,在建设工程领域全面推行。1995 年 12 月,建设部和国家计委以建监〔1995〕第 737 号文颁发《工程建设监理规定》,自 1996 年 1 月 1 日起实施。1998 年 3 月 1 日起施行的《中华人民共和国建筑法》,以法律的形式规定我国在工程建设领域实行建设监理制度。自此,标志着建设工程监理制在我国全面推行。从此,我国的建设项目管理制度进入了一个新的阶段。

1.1.3 建设工程监理范围

建设工程监理的范围一般分为工程范围和阶段范围。

近年来,随着改善和优化营商环境,加快转变政府职能的持续推进,北京、上海、天津、广州等地区陆续出台政策对需要强制监理的工程项目做出了调整。如天津市住房和城乡建设委员会以津住建市函〔2020〕68 号文、广州市建设项目审批改革试点工作领导小组办公室以穗建改〔2020〕28 号文、广州市住房和城乡建设局以穗建筑〔2021〕23 号文补充规定调整了强制工程监理的范围。

一、工程范围

《建设工程监理范围和规模标准规定》(中华人民共和国建设部令第 86 号)规定了必须实行监理的建设工程项目的具体范围和规模标准。

下列建设工程必须实行监理:

1. 国家重点建设工程

国家重点建设工程,是指依据《国家重点建设项目管理办法》所确定的对国民经济和社会发展有重大影响的骨干项目。

2. 大中型公用事业工程

大中型公用事业工程是指项目总投资额在 3000 万元以上的下列工程项目：

(1)供水、供电、供气、供热等市政工程项目；

(2)科技、教育、文化等项目；

(3)体育、旅游、商业等项目；

(4)卫生、社会福利等项目；

(5)其他公用事业项目。

3. 成片开发建设的住宅小区工程

建筑面积在 5 万平方米以上的住宅建设工程必须实行监理；5 万平方米以下的住宅建设工程，可以实行监理，具体范围和规模标准，由省、自治区、直辖市人民政府建设行政主管部门规定。为了保证住宅质量，对高层住宅及地基、结构复杂的多层住宅应当实行监理。

4. 利用外国政府或者国际组织贷款、援助资金的工程

(1)使用世界银行、亚洲开发银行等国际组织贷款资金的项目；

(2)使用国外政府及其机构贷款资金的项目；

(3)使用国际组织或者国外政府援助资金的项目。

5. 国家规定必须实行监理的其他工程。

(1)项目总投资额在 3000 万元以上关系社会公共利益、公众安全的下列基础设施项目：

1)煤炭、石油、化工、天然气、电力、新能源等项目；

2)铁路、公路、管道、水运、民航以及其他交通运输业等项目；

3)邮政、电信枢纽、通信、信息网络等项目；

4)防洪、灌溉、排涝、发电、引(供)水、滩涂治理、水资源保护、水土保持等水利建设项目；

5)道路、桥梁、地铁和轻轨交通、污水排放及处理、垃圾处理、地下管道、公共停车场等城市基础设施项目；

6)生态环境保护项目；

7)其他基础设施项目。

(2)学校、影剧院、体育场馆项目。

二、阶段范围

《建设工程监理规范》(GB/T 50319—2013)将建设工程监理工作分为监理与相关服务。目前，我国的建设工程监理工作主要是在施工阶段，故《建设工程监理规范》(GB/T 50319—2013)将在建设工程勘察、设计、保修等阶段提供的服务活动归纳为相关服务，在施工阶段的监理服务才规定为监理。

现阶段建设工程监理工作可以在建设工程的勘察、设计、施工、保修等阶段开展，这是建设工程监理工作的实施阶段。建设工程监理工作还可以适用于建设工程投资决策阶段。不过目前我国的建设工程监理工作在建设工程投资决策阶段开展的不多，随着建设工程监理制的不断深化，相信在建设工程投资决策阶段会越来越多地引入监理。

1.1.4 建设工程监理性质

建设工程监理的性质可概括为服务性、科学性、独立性和公平性四个方面。

1. 服务性

在工程建设中，建设工程监理人员利用自己的知识、技能和经验，以及必要的试验、检测手段，为建设单位提供管理和技术服务。建设工程监理单位既不直接进行工程设计，也不直接进行工程施工；既不向建设单位承包工程投资，也不参与施工单位的利润分成。

建设工程监理单位的服务对象是建设单位，但不能完全取代建设单位的管理活动。建设工程监理单位不具有工程建设重大问题的决策权，只能在建设单位授权范围内采用规划、控制、协调等方法，控制建设工程质量、投资和进度，并履行建设工程安全生产管理的监理职责，协助建设单位在计划目标内完成工程建设任务。

2. 科学性

科学性是由建设工程监理的基本任务决定的。建设工程监理单位以协助建设单位实现其投资目的为己任，力求在计划目标内完成工程建设任务。由于工程建设规模日趋庞大，建设环境日益复杂，功能需求及建设标准越来越高，新技术、新工艺、新材料、新设备不断涌现，工程建设参与单位越来越多，工程风险日渐增加，建设工程监理单位只有采用科学的思想、理论、方法和手段，才能驾驭工程建设。为了满足建设工程监理实际工作需求，建设工程监理单位应由组织管理能力强、工程建设经验丰富的人员担任领导；应有足够数量的、有丰富管理经验和较强应变能力的注册监理工程师组成的骨干队伍；应有健全的管理制度、科学的管理方法和手段；应积累丰富的技术、经济资料和数据；应有科学的工作态度和严谨的工作作风，能够创造性地开展工作。

3. 独立性

《建设工程监理规范》（GB/T 50319—2013）明确要求，建设工程监理单位应公平、独立、诚信、科学地开展建设工程监理与相关服务活动。独立是建设工程监理单位公平地实施监理的基本前提。为此，《建筑法》第三十四条规定："工程监理单位与被监理工程的承包单位以及建筑材料、建筑构配件和设备供应单位不得有隶属关系或者其他利害关系。"按照独立性要求，建设工程监理单位应严格按照法律法规、工程建设标准、勘察设计文件、建设工程监理合同及有关建设工程合同等实施监理。在建设工程监理工作过程中，必须建立项目监理机构，按照自己的工作计划和程序，根据自己的判断，采用科学的方法和手段，独立地开展工作。

4. 公平性

国际咨询工程师联合会（FIDIC）《土木工程施工合同条件》（红皮书）自1957年第一版发布以来，一直都保持着一个重要原则，要求（咨询）工程师"公正"（impartiality），即不偏不倚地处理施工合同中有关问题。该原则也成为我国建设工程监理制度建立初期的一个重要性质。然而，在FIDIC《土木工程施工合同条件》（1999年第一版）中，（咨询）工程师的公正性要求不复存在，而只要求"公平"（Fair）。（咨询）工程师不充当调解人或仲裁人的角色，只是接受业主报酬负责进行施工合同管理的受托人。

与FIDIC《土木工程施工合同条件》中的（咨询）工程师类似，我国工程监理单位受建设单位委托实施建设工程监理，也无法成为公正或不偏不倚的第三方，但需要公平地对待建设单位和施工单位。公平性是建设工程监理行业能够长期生存和发展的基本职业道德准则。特别是当建设单位与施工单位发生利益冲突或者矛盾时，建设工程监理单位应以事实为依据，以法律法规和有关合同为准绳，在维护建设单位合法权益的同时，不能损害施工单位的合法权益。例如，在调解建设单位与施工单位之间争议，处理费用索赔和工程延期、进行工程款支付控制及结算时，应尽量客观、公平地对待建设单位和施工单位。

1.1.5 建设工程监理依据

1.国家和地方制定的相关法律、法规和规章以及政府行政主管部门的相关文件

包括《中华人民共和国民法典》《中华人民共和国建筑法》《中华人民共和国安全生产法》《中华人民共和国招标投标法》《中华人民共和国环境保护法》《中华人民共和国城市规划法》《中华人民共和国土地管理法》《建设工程质量管理条例》《建设工程安全生产管理条例》《建设工程勘察设计管理条例》《建筑节能条例》等法律法规。

包括《工程监理企业资质管理规定》《监理工程师资格考试和注册试行办法》《建设工程监理范围和规模标准规定》《建筑工程设计招标投标管理办法》《房屋建筑和市政基础设施工程施工招标投标管理办法》《评标委员会和评标方法暂行规定》《建筑工程施工发包与承包计价管理办法》《建筑工程施工许可管理办法》《实施工程建设强制性标准监督规定》《房屋建筑工程质量保修办法》《房屋建筑工程和市政基础设施施工竣工验收备案管理暂行办法》《建设工程施工现场管理规定》《建筑安全生产监督管理规定》《工程建设重大事故报告和调查程序规定》《城市建设档案管理规定》等相关部门规章。

地方性法规和文件如《广东省建设工程质量管理条例》《广东省建设工程监理条例》以及"广州市建设工程文明施工管理规定"等。

2.相关标准、规范

《混凝土结构设计规范》（GB 50010—2010）、《建筑地基基础设计规范》（GB 50007—2011）、《钢结构设计规范》（GB 50017—2017）、《建筑抗震设计规范》（GB 50011—2010）等相关设计规范，《建筑工程施工质量验收统一标准》（GB 50300—2013）、《土方与爆破工程施工及验收规范》（GB 50201—2018）、《地基基础工程质量验收规范》（GB 50202—2018）、《砌体工程施工质量验收规范》（GB 50203—2011）、《混凝土结构工程施工质量验收规范》（GB 50204—2015）、《钢结构施工质量验收规范》（GB 50205—2001）等相关施工规范和包括《建设工程监理规范》（GB/T 50319—2013）。

包括《建筑施工安全检查标准》（JGJ 59—2011）、《高层建筑混凝土结构技术规程》（JGJ 3—2010）、《高层民用建筑钢结构技术规程》（JGJ 99—2015）、《既有采暖居住建筑节能改造技术规程》（JGJ 129—2012）、《玻璃幕墙工程技术规范》（JGJ 102—2015）、《建筑工程大模板技术规程》（JGJ 74—2017）、《混凝土用水标准》（JGJ 63—2006）等建筑标准规程。

包括《通用硅酸盐水泥》（GB 175—2007）、《钢筋混凝土用热轧带肋钢筋》（GB 1499.1—2017）、《钢筋混凝土用热轧光圆钢筋》（GB 1499.2—2018）、《冷轧带肋钢筋》（GB 13788—2018）、《预应力混凝土用螺纹钢筋》（GB/T 20065—2016）、《普通混凝土小型砌块》（GB/T 8239—2014）等建筑材料标准。

注：关于全文强制性工程建设规范的说明

为适应国际技术法规与技术标准通行规则，2016年以来，住房和城乡建设部陆续印发《深化工程建设标

准化工作改革的意见》等文件，提出政府制定强制性标准、社会团体制定自愿采用性标准的长远目标，明确了逐步用全文强制性工程建设规范取代现行标准中分散的强制性条文的改革任务，逐步形成由法律、行政法规、部门规章中的技术性规定与全文强制性工程建设规范构成的"技术法规"体系。

关于规范种类。强制性工程建设规范体系覆盖工程建设领域各类建设工程项目，分为工程项目类规范（简称项目规范）和通用技术规范（简称通用规范）两种类型。项目规范以工程建设项目整体为对象，以项目的规模、布局、功能、性能和关键技术措施等五大要素为主要内容。通用规范以实现工程建设项目功能性能要求的各专业通用技术为对象，以勘察、设计、施工、维修、养护等通用技术要求为主要内容。在全文强制性工程建设规范体系中，项目规范为主干，通用规范是对各类项目共性的、通用的专业性关键技术措施的规定。

关于五大要素指标。强制性工程建设规范中各项要素是保障城乡基础设施建设体系化和效率提升的基本规定。是支撑城乡建设高质量发展的基本要求。项目的规模要求主要规定了建设工程项目应具备完整的生产或服务能力，应与经济社会发展水平相适应。项目的布局要求主要规定了产业布局、建设工程项目选址、总体设计、总平面布置以及与规模相协调的统筹性技术要求，应考虑供给能力合理分布，提高相关设施建设的整体水平。项目的功能要求主要规定项目构成和用途，明确项目的基本组成单元，是项目发挥预期作用的保障。项目的性能要求主要规定建设工程项目建设水平或技术水平的高低程度，体现建设工程项目的适用性，明确项目质量、安全、节能、环保、宜居环境和可持续发展等方面应达到的基本水平。关键技术措施是实现建设项目功能、性能要求的基本技术规定，是落实城乡建设安全、绿色、韧性、智慧、宜居、公平、有效率等发展目标的基本保障。

关于规范实施。强制性工程建设规范具有强制约束力，是保障人民生命财产安全、人身健康、工程安全、生态环境安全、公众权益和公众利益，以及促进能源资源节约利用、满足经济社会管理等方面的控制性底线要求，工程建设项目的勘察、设计、施工、验收、维修、养护、拆除等建设活动全过程中必须严格执行，其中，对于既有建筑改造项目（指不改变现有使用功能），当条件不具备、执行现行规范确有困难时，应不低于原建造时的标准。与强制性工程建设规范配套的推荐性工程建设标准是经过实践检验的、保障达到强制性规范要求的成熟技术措施，一般情况下也应当执行。在满足强制性工程建设规范规定的项目功能、性能要求和关键技术措施的前提下，可合理选用相关团体标准、企业标准，使项目功能、性能更加优化或达到更高水平。推荐性工程建设标准、团体标准、企业标准要与强制性工程建设规范协调配套，各项技术要求不得低于强制性工程建设规范的相关技术水平

强制性工程建设规范实施后，现行相关工程建设国家标准、行业标准中的强制性条文同时废止。现行工程建设地方标准中的强制性条文应及时修订，且不得低于强制性工程建设规范的规定。现行工程建设标准（包括强制性标准和推荐性标准）中有关规定与强制性工程建设规范的规定不一致的，以强制性工程建设规范的规定为准。

2021年7月15日，住房与城乡建设部发布了第一批13部全文强制性工程建设规范[《供热工程项目规范》（GB 55010—2021）等6部项目规范、《砌体结构通用规范》（GB 55007—2021）等7部通用规范]，自2022年1月1日起执行。自此，将开启全面执行全文强制性工程建设规范的新时期。

各地方根据本地区的实际情况，还可以制定相关地方标准。如《渗透型环氧树脂防水防腐涂料》（DB44/T 1607—2015）、《钢筋保护层水泥基础块》（DB44/T 1663—2015）、《建筑用大直径高强度钢绞线》（DB44/T 1504—2014）、《建筑五金 平开玻璃门门夹》（DB44/T 1505—2014）等广东省地方标准；《优质400MPa级热轧带肋钢筋电渣压力焊接施工及验收规程》（DB43/ 154—2001）、《电气火灾监控系统设计施工及验收规范》（DB43/ 737—2012）、《二次张拉低回缩钢绞线竖向预应力短索锚固体系设计、施工和验收规范》（DB43/T 801—2013）、《住宅装饰装修工程质量验收规范》（DB43/T 262—2014）等湖南省地方标准；《公共建筑节能设计标准》（DB11/ 687—2015）等北京地方标准；《黑龙江省建筑工程施工质量验收标准》

（DB23/711—2003）等黑龙江省地方标准。

3.工程项目有关批准文件

包括已批准的可行性研究报告、建设项目选址意见书、建设用地规划许可证、施工图设计文件、施工许可证、环境影响评估报告等。

4.建设工程监理合同和建设工程施工合同

建设工程监理合同和建设工程施工合同是开展建设工程监理工作必须具备的两个合同。没有建设工程监理合同，就没有建设工程监理工作的服务对象（建设单位）；没有建设工程施工合同，就没有建设工程监理工作的工作对象（建筑产品）。

5.与工程建设项目相关的其他合同也是建设监理工作的依据

其他相关合同如材料供应合同、分包合同、检测合同等是建设工程监理合同和建设工程施工合同顺利执行的重要保证。

1.1.6 建设工程监理的任务与内容

建设工程监理的中心任务是控制建设工程项目目标，即力争在既定条件下实现建设项目的质量、进度、投资和安全生产目标。

为实现建设工程监理的中心任务，需要通过目标规划、动态管理、组织协调、信息管理和合同管理等手段来实现。

目标规划是以实现建设工程项目目标为目的，对建设项目的质量、进度、投资和安全生产目标进行分析研究，分解细化，综合安排，制定出切实可行的、具体的、具有可操作性的分解目标。目标规划是目标控制的基础和前提，做好目标规划可有效实现建设工程项目的目标控制。目标在规划时需要考虑目标难易程度、技术实现可能性、资金供应可能性、人力资源匹配性、物资供应适应性、措施手段适应性、周围环境影响性、不同目标协调性、操作者的技术能力、可能存在的风险等诸多因素。目标规划是实现目标控制的基础和前提，合理的目标分解，可更有效地实现建设项目的目标。

动态管理是根据建设项目的内外环境变化情况，及时采取有效措施正确应对的管理过程。建设项目的建设是一个漫长过程，涉及人、机、料、法、环等诸多因素，任何一个因素的变化都会引起与之相关的所有因素产生变化，如果不随时随地及时响应，将无法有效控制建设目标。影响建设项目目标的各种因素是随时随地动态变化的，以不变应万变是不可能的，必须以变应变，实行动态管理，从而有效地进行目标控制。计划的不变是相对的，而变化是绝对的，任何计划都需要在不断调整中，才能有效运行。动态管理就是适应不断变化的计划，从而达到有效控制的目的。

组织协调是指组织机构内部人与人之间、机构与机构之间，以及组织机构与外部环境组织之间的工作协调与沟通，以达到项目目标的过程。任何一个建设项目目标都是通过组织机构以及组织机构内的人员工作来实现的。组织机构与相关人员在工作中需要保持协调一致，相互配合才能实现建设项目目标。组织协调工作贯穿于建设项目开始至结束的全过程，涉及建设项目的方方面面。

信息管理是指对建设工程项目在建设过程中形成的信息，能够及时、准确地获取，并进行收集、整理、处理、存储、传递与运用。建设项目建造过程中，进行目标控制必须依赖信息，这是目标控制工作的最基础数据，不可或缺。任何目标控制只有在有效信息支持下才可正常进行。在建设项目目标控制过程中，只有掌握大量的、准确的、及时的、全面的信息，才可以做出科学的、正确的决策。信息管理的基础工作是细致烦琐的工作，做好信息管理工作需要细致、细心、耐心、上心，还需要具备相应的专业技能，这样才能做到去粗取精，去伪存真，从大量杂乱无章的零散无序信息中，系统性地整理出有用的、可用的、好用的信息，以此支持目标控制管理工作。

合同管理是指对建设项目参建相关单位签订的合同进行有效保管，以及依据合同处理相关事宜。建设项目建设过程中，相关参建单位之间的责任都是通过依法订立合同予以确认的，一切建设行为都要以合同为根据划分各自的责任。合同管理涉及合同的订立、履行、变更、解除、转让、终止以及审查、监督、控制等一系列行为。合同管理必须是全过程的、系统性的、动态性的、完整性的、准确性的、不可遗漏性的。

按照《建设工程监理规范》(GB/T 50319—2013)中的规定，建设工程监理工作的内容是，在施工阶段对建设工程质量、投资、进度进行控制，对合同、信息进行管理，对工程建设相关方的关系进行协调，并履行建设工程安全生产管理法定职责的服务活动。即"四控两管一协调"(质量、投资、进度、安全控制，合同、信息管理和协调)。

"四控两管一协调"的相互关系如图1-2所示。质量、投资和进度控制相互影响，相互制约，一方变化，其他各方亦有变化，具有联动效应。质量、投资和进度控制是建设单位对监理单位工作的最根本要求。监理单位只有有效满足建设单位对其的根本要求，才具有存在的必要，因此，做好质量、投资和进度控制是监理单位的立命之本。安全控制是指施工过程中的安全生产控制，这是法律法规对安全监理单位的工作要求，监理单位在建设工程监理工作中，必须严格按照法律法规及相关政府文件的要求履行监理责任。没有安全的生产是无本之木、无源之水。《中华人民共和国安全生产法》要求安全生产工作应当以人为本，坚持安全发展，坚持安全第一。可见，安全控制是质量、投资和进度控制的前提与保证，当然也同样影响质量、投资和进度控制。淡薄的安全控制措施无法为施工人员提供良好的安全生产环境，

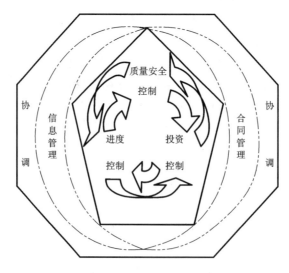

图1-2 "四控两管一协调"相互关系

过分的安全控制措施会加重工程成本，合适的安全措施才是正确的选择。质量、投资、进度和安全控制工作依赖于信息的支持，必须依法在合同的规范下进行。协调工作既存在于质量、投资、进度和安全控制工作中，也存在于信息和合同管理工作中。

1.1.7 建设工程监理特点

1.服务对象单一性

《建设工程监理规范》(GB/T 50319—2013)规定，"建设工程监理及相关服务，是工程监理单位受建设单位委托，根据法律法规、工程建设标准、勘察设计文件及合同，在施工阶段对建设工程质量、进度、投资进行控制，对合同、信息进行管理，对工程建设相关方的关系进行协调，并履行建设工程安全生产管理法定职责的服务活动；以及工程监理单位受建设单位委托，按照建设工程监理合同约定，在建设工程勘察、设计、保修等阶段提供的服务活动。"《建设工程监理规范》(GB/T 50319—2013)规定了监理单位是唯一为建设单位服务的。即使其他单位委托监理单位从事上述工作内容，也不能叫监理工作。

2.是强制推行的制度

《中华人民共和国建筑法》第三十条规定，"国家推行建筑工程监理制度。"

3.具有一定的监督职能

《中华人民共和国建筑法》第三十二条规定，"建筑工程监理应当依照法律、行政法规及有关的技术标准、设计文件和建筑工程承包合同，对承包单位在施工质量、建设工期和建设资金使用等方面，代表建设单位实施监督；工程监理人员认为工程施工不符合工程设计要求、施工技术标准和合同约定的，有权要求建筑施工企业改正。"《建设工程质量管理条例》第三十七条规定，"工程监理单位应当选派具备相应资格的总监理工程师和监理工程师进驻施工现场；未经监理工程师签字，建筑材料、建筑构配件和设备不得在工程上使用或者安装，施工单位不得进行下一道工序的施工；未经总监理工程师签字，建设单位不拨付工程款，不进行竣工验收。"《建筑工程施工质量验收统一标准》(GB 50300—2013)规定了建设工程项目的单位工程、分部工程、分项工程和检验批的质量验收，要由监理单位的相关监理工程师签字确认才能生效。可见，监理单位的监督职能是来自法律法规、技术规范和合同授权。这样的规定是为了更好地保证建设工程的工程质量。

4.市场准入的双重控制

我国对建设工程监理的市场准入实行双重控制，即实行监理企业资质控制和监理人员资格控制双重控制的管理方式。

对监理人员方面，2013 版《建设工程监理规范》要求总监理工程师必须取得注册监理工程师资格，总监理工程师代表和专业监理工程师必须取得注册监理工程师资格或其他工程类执业资格并达得一定相关专业实践能力要求。在监理人员资格要求方面，2013 版《建设工程监理规范》比 2000 版《建设工程监理规范》的要求有所放松。2000 版《建设工程监理规范》要求总监理工程师代表和专业监理工程师也同样要取得注册监理工程师资格，没有注册监理工程师资格，不可以担任专业监理工程师、总监理工程师代表和总监理工程师。

监理企业资质按照监理企业业绩与拥有注册监理工程师数量的要求分为不同的资质等级，不同资质的监理企业承接不同规模的监理业务。

这种市场准入的双重控制，保证了我国建设工程监理市场的健康发展，有力地促进了建设工程项目的管理水平。

1.1.8 建设工程监理的作用

建设工程项目实行专业化、社会化管理在外国已有近百年历史，在提高投资效益方面发挥出了重要作用。我国的建设工程监理制尽管实施时间不长，但也显现出强劲生命力，其专业化的服务能力为政府和社会所认可。

建设工程监理的作用主要有以下几方面：

1. 有利于提高建设工程投资决策科学化水平

监理单位具有专业化的服务能力，能够提供从建设工程项目决策咨询开始，一直到建设项目竣工验收以及建设项目后评估的全过程服务。这个过程，涉及建设项目建议书、预可行性研究、可行性研究、环境影响评价、建设实施、生产运营、评估考核等不同的阶段。在不同阶段进行技术经济评价中，又涉及众多专业领域，如勘察设计(建筑设计、结构设计、工艺设计、水暖电设计等)、施工安装(土建施工、水暖电施工、设备安装、工艺调试、施工安全等)、经济分析、环境保护、生产运营等。如此众多专业领域，建设单位在建设项目策划决策阶段不可能全部拥有涵盖所有专业的专门人才，即使拥有部分专业人才，也未必具备相关的实践经验，对建设项目掌握把控的能力较弱。监理单位是专业化的服务机构，拥有满足不同阶段、不同专业的专门人才，具有全面的、良好的、专业的知识结构和能力，可以为建设单位提供准确的建议，使建设单位在决策时更科学，避免造成投资浪费。

不过，目前我国具备如此全面专业能力的监理单位还不多，绝大多数监理单位是从事建设项目实施阶段的监理服务工作。

2. 有利于规范工程建设参与各方的建设行为

建设工程项目建设行为，是社会主义市场经济环境下的市场行为，参建的各个行为主体追求的都是各自的核心利益，建设单位希望用最小的投资获得最好的建设产品，而承建单位则希望用最小的代价取得最大的利润。尽管在这个过程中，参建各方的建设行为要受法律法规的约束，以相关技术经济规则、规范为准，但是市场经济行为单单靠自律是远远不够的，也是根本不可能的，这就需要建立起必要的约束机制。政府相关管理机构对建设工程项目各方的建设行为进行监督管理是一种有效的约束机制，但受到客观条件的限制，其管理的深度和广度尚不能满足要求。政府的监督管理不可能深入每项建设工程项目的方方面面，政府管理往往是宏观控制，如项目审批、规划审批、施工许可等，没办法把控微观细节，如具体的材料、设计、施工行为等。建设工程监理制的出现正好填补了这块空白。

建设工程项目实施过程中，建设工程监理单位在法律的框架内，依据建设工程监理合同和相关建设工程承包合同，对承包单位在建设项目建设过程中的生产行为进行监督管理。建设监理单位在项目实施过程中，是进驻施工现场实施监理，全程跟踪，采用事前、事中和事后控制相结合的方式实施监理工作。这样的监理方式，可以有效地规范承建单位的建设行为，最大限度地避免不当建设行为发生。同时，建设监理单位熟悉建设项目实施的全过程，对建设单位因不熟悉情况而可能出现的不当行为可以进行提醒，建议其改正。

3. 有利于促使施工单位保证建设工程质量和使用安全

建筑产品质量关系到使用者的生命安全，不可有丝毫马虎。建设监理单位的监理行为深入承建单位建设行为的每个角落，从人、机、料、法、环等不同角度实施监理。《建筑工程施工质量验收统一标准》（GB 50300—2013）规定了建设监理单位确认工程质量的要求和程序。这些规定确立了建筑产品质量，是承建单位必须在自律基础上，再经过第三方建设监理单位的确认才能被认定为符合国家规范要求，促使承建单位更加重视建筑产品的质量，从而使建筑产品的使用更加安全。

4. 有利于实现建设工程投资效益最大化

建设工程项目投资最大化可以有以下三种情况：

(1) 满足建设工程功能和质量情况下的投资最少；

(2) 满足功能和质量情况下的全寿命周期费用最小；

(3) 追求建设工程项目的投资效益与社会效益的综合效益最大化。

建设监理企业的监理工程师是既懂工程技术又懂经济的专业人才，他们能够做到在解决技术问题时，综合考虑经济效益；在关注经济效益时，结合技术可能性统筹分析。建设监理工作又是随时随地对承建单位的建设行为进行监理的，因此，在建设监理工作中，监理工程师就能及时、全面、有预见性地发现相关技术经济问题，从而能有效地、及时地、全面地、有针对性地予以综合解决。

1.2 建设工程监理有关法律法规简介

1.2.1 建设工程监理法律法规体系

建设工程监理相关法律、行政法规及标准是建设工程监理的法律依据和工作指南。目前，与建设工程监理密切相关的法律有《中华人民共和国建筑法》《中华人民共和国招标投标法》和《中华人民共和国民法典》等；与建设工程监理密切相关的行政法规有《建设工程质量管理条例》《建设工程安全生产管理条例》《生产安全事故报告和调查处理条例》《中华人民共和国招标投标法实施条例》等。建设工程监理标准则包括《建设工程监理规范》《建设工程监理与相关服务收费标准》等。此外，有关建设工程监理的部门规章和规范性文件，以及地方性法规、地方政府规章及规范性文件，行业标准和地方标准等等，也是建设工程监理的法律依据和工作指南。以上法律、法规、条例、规范、标准以及地方相关法规、规章等共同形成建设工程监理法律法规体系。

1.2.2 建筑法

《中华人民共和国建筑法》是我国工程建设领域的一部大法，以建筑市场管理为中心，以建筑工程质量和安全管理为重点，主要包括建筑许可、建筑工程发包与承包、建筑工程监理、建筑安全生产管理和建筑工程质量管理等方面内容。

1. 建筑许可

建筑许可包括建筑工程施工许可和从业资格（详见下一小节）两个方面。建筑工程施工许可，是建设行政主管部门根据建设单位的申请，依法对建筑工程所应具备的施工条件进行审查，对符合规定条件者准许其开始施工并颁发施工许可证的一种管理制度。

(1) 施工许可证的申领。建筑工程开工前，建设单位应当按照国家有关规定向工程所在地县级以上人民政府建设主管部门申请领取施工许可证。按照国务院规定的权限和程序批准开工报告的建筑工程，不再领取施工许可证。建设单位申请领取施工许可证，应当具备下列条件：

1）已经办理该建筑工程用地批准手续；

2）在城市规划区的建筑工程，已经取得规划许可证；

3）需要拆迁的，其拆迁进度符合施工要求；

4）已经确定建筑施工企业；

5）有满足施工需要的施工图纸及技术资料；

6）有保证工程质量和安全的具体措施；

7）建设资金已经落实；

8）法律、行政法规规定的其他条件。

（2）施工许可证的有效期。

1）建设单位应当自领取施工许可证之日起 3 个月内开工。因故不能按期开工的，应当向发证机关申请延期；延期以两次为限，每次不超过 3 个月。既不开工又不申请延期或者超过延期时限的，施工许可证自行废止。

2）在建的建筑工程因故中止施工的，建设单位应当自中止施工之日起 1 个月内，向发证机关报告，并按照规定做好建筑工程的维护管理工作。建筑工程恢复施工时，应当向发证机关报告。中止施工满 1 年的工程恢复施工前，建设单位应当报发证机关核验施工许可证。

2．从业资格

从业资格包括工程建设参与单位资质和专业技术人员执业资格两个方面。

（1）工程建设参与单位资质要求。从事建筑活动的建筑施工企业、勘察单位、设计单位和工程监理单位，应当具备下列条件：

1）有符合国家规定的注册资本；

2）有与其从事的建筑活动相适应的具有法定执业资格的专业技术人员；

3）有从事相关建筑活动所应有的技术装备；

4）法律、行政法规规定的其他条件。

从事建筑活动的建筑施工企业、勘察单位、设计单位和工程监理单位，按照其拥有的注册资本、专业技术人员、技术装备和已完成的建筑工程业绩等资质条件，划分为不同的资质等级，经资质审查合格，取得相应等级的资质证书后，方可在其资质等级许可的范围内从事相关建筑活动。

（2）专业技术人员执业资格要求。从事相关建筑活动的专业技术人员，应当依法取得相应的执业资格证书，并在执业资格证书许可的范围内从事相关建筑活动。这些执业资格有注册建筑师、注册结构工程师、注册监理工程师、注册造价工程师、注册建造师等。

3．建筑工程发包与承包

建筑工程的发包单位与承包单位应当依法订立书面合同，明确双方的权利和义务。发包单位和承包单位应当全面履行合同约定的义务；不按照合同约定履行义务的，依法承担违约责任。建筑工程投资应当按照国家有关规定，由发包单位与承包单位在合同中约定。发包单位应当按照合同的约定，及时拨付工程款项。

（1）建筑工程发包。建筑工程实行招标发包的，发包单位应当将建筑工程发包给依法中标的承包单位。建筑工程实行直接发包的，发包单位应当将建筑工程发包给具有相应资质条件的承包单位。提倡对建筑工程实行总承包，禁止将建筑工程肢解发包。建筑工程的发包单位可以将建筑工程的勘察、设计、施工、设备采购一并发包给一个工程总承包单位，也可以将建筑工程勘察、设计、施工、设备采购的一项或者多项发包给一个工程总承包单位。但是，不得将应当由一个承包单位完成的建筑工程肢解成若干部分发包给几个承包单位。按照合同约定，建筑材料、建筑构配件和设备由工程承包单位采购的，发包单位不得指定承包单位购入用于工程的建筑材料、建筑构配件和设备或者指定生产厂家、供应商。

（2）建筑工程承包。承包建筑工程的单位应当持有依法取得的资质证书，并在其资质等级许可的业务范围内承揽工程。禁止建筑施工企业超越本企业资质等级许可的业务范围或者以任何形式用其他建筑施工企业的名义承揽工程。禁止建筑施工企业以任何形式允许其他单位或者个人使用本企业的资质证书、营业执照，以本企业的名义承揽工程。

1）联合体承包。大型建筑工程或者结构复杂的建筑工程，可以由两家以上的承包单位联合共同承包。两个以上不同资质等级的单位实行联合共同承包的，应当按照资质等级低的单位的业务许可范围承揽工程。共同承包的各方对承包合同的履行承担连带责任。

2）禁止转包。禁止承包单位将其承包的全部建筑工程转包给他人，禁止承包单位将其承包的全部建筑工程肢解以后以分包的名义分别转包给他人。

3）分包。建筑工程总承包单位可以将承包工程中的部分工程发包给具有相应资质条件的分包单位；但是，除总承包合同中约定的分包外，必须经建设单位认可。实施施工总承包的，建筑工程主体结构的施工必须由总承包单位自行完成。建筑工程总承包单位按照总承包合同的约定对建设单位负责；分包单位按照分包合同的约定对总承包单位负责。总承包单位和分包单位就分包工程对建设单位承担连带责任。禁止总承包单位将工程分包给不具备相应资质条件的单位。禁止分包单位将其承包的工程再分包。

4. 建筑安全生产管理

建筑工程安全生产管理必须坚持安全第一、预防为主的方针，建立健全安全生产的责任制度和群防群治制度。

（1）建设单位的安全生产管理。建设单位应当向建筑施工企业提供与施工现场相关的地下管线资料，建筑施工企业应当采取措施加以保护。

有下列情形之一的，建设单位应当按照国家有关规定办理申请批准手续：

1）需要临时占用规划批准范围以外场地的；

2）可能损坏道路、管线、电力、邮电通讯等公共设施的；

3）需要临时停水、停电、中断道路交通的；

4）需要进行爆破作业的；

5）法律、法规规定需要办理报批手续的其他情形。

（2）建筑施工企业的安全生产管理。建筑施工企业必须依法加强对建筑安全生产的管理，执行安全生产责任制度，采取有效措施防止伤亡和其他安全生产事故的发生。

1）施工现场安全管理。施工现场安全由建筑施工企业负责。实行施工总承包的，由总承包单位负责。分包单位向总承包单位负责，服从总承包单位对施工现场的安全生产管理。

2）安全生产教育培训。建筑施工企业应当建立健全劳动安全生产教育培训制度，加强对职工安全生产的教育培训；未经安全生产教育培训的人员，不得上岗作业。

3）安全生产防护。建筑施工企业和作业人员在施工过程中，应当遵守有关安全生产的法律、法规和建筑行业安全规章、规程，不得违章指挥或者违章作业。作业人员有权对影响人身健康的作业程序和作业条件提出改进意见，有权获得安全生产所需的防护用品。作业人员对危及生命安全和人身健康的行为有权提出批评、检举和控告。

4）工伤保险和意外伤害保险。建筑施工企业应当依法为职工参加工伤保险缴纳工伤保险费。鼓励企业为从事危险作业的职工办理意外伤害保险，支付保险费。

5）装修工程施工安全。涉及建筑主体和承重结构变动的装修工程，建设单位应当在施工前委托原设计单位或者具有相应资质条件的设计单位提出设计方案；没有设计方案的，不得施工。

6）房屋拆除安全。房屋拆除应当由具备保证安全条件的建筑施工单位承担，由建筑施工单位负责人对安全负责。

7）施工安全事故处理。施工中发生事故时，建筑施工企业应当采取紧急措施减少人员伤亡和事故损失，并按照国家有关规定及时向有关部门报告。

5. 建筑工程质量管理

国家对从事建筑活动的单位推行质量体系认证制度。从事建筑活动的单位根据自愿原则可以向国务院产品质量监督管理部门或者国务院产品质量监督管理部门的授权部门认可的认证机构申请质量体系认证。经认证合格的，由认证机构颁发质量体系认证证书。

建筑工程实行总承包的，工程质量由工程总承包单位负责，总承包单位将建筑工程分包给其他单位的，应当对分包工程的质量与分包单位承担连带责任。分包单位应当接受总承包单位的质量管理。

（1）建设单位的工程质量管理。建设单位不得以任何理由，要求建筑设计单位或者建筑施工企业在工程设计或者施工作业中，违反法律、行政法规和建筑工程质量、安全标准，降低工程质量。

（2）勘察、设计单位的工程质量管理。建筑工程的勘察、设计单位必须对其勘察、设计的质量负责。勘察、设计文件应当符合有关法律、行政法规的规定和建筑工程质量、安全标准、建筑工程勘察、设计技术规范以及合同的约定。设计文件选用的建筑材料、建筑构配件和设备，应当注明其规格、型号、性能等技术指标，其质量要求必须符合国家规定的标准。

建筑设计单位对设计文件选用的建筑材料、建筑构配件和设备，不得指定生产厂家、供应商。

（3）施工单位的工程质量管理。建筑施工企业对工程的施工质量负责。建筑施工企业必须按照工程设计图纸和施工技术标准施工，不得偷工减料。工程设计的修改由原设计单位负责，建筑施工企业不得擅自修改工程设计。

建筑施工企业必须按照工程设计要求、施工技术标准和合同的约定，对建筑材料、建筑构配件和设备进行检验，不合格的不得使用。

建筑工程竣工时，屋顶、墙面不得留有渗漏、开裂等质量缺陷；对已发现的质量缺陷，建筑施工企业应当修复。

1.2.3　建设工程质量管理条例

为了加强对建设工程质量的管理，保证建设工程质量，《建设工程质量管理条例》明确了建设单位、勘察单位、设计单位、施工单位、工程监理单位的质量责任和义务，以及工程质量保修期限。

1. 建设单位的质量责任和义务

(1)工程发包。建设单位应当将工程发包给具有相应资质等级的单位。建设单位不得将建设工程肢解发包。

建设单位应当依法对工程建设项目的勘察、设计、施工、监理以及与工程建设有关的重要设备、材料等的采购进行招标。建设工程发包单位不得迫使承包方以低于成本的价格竞标,不得任意压缩合理工期;不得明示或者暗示设计单位或者施工单位违反工程建设强制性标准,降低建设工程质量。

建设单位必须向有关的勘察、设计、施工、工程监理等单位提供与建设工程有关的原始资料。原始资料必须真实、准确、齐全。

(2)报审施工图设计文件。建设单位应当将施工图设计文件报县级以上人民政府建设主管部门或者其他有关部门审查。施工图设计文件未经审查批准的,不得使用。

(3)委托建设工程监理。实行监理的建设工程,建设单位应当委托监理范围。

(4)工程施工阶段责任和义务:

1)建设单位在领取施工许可证或者开工报告前,应当按照国家有关规定办理工程质量监督手续。

2)按照合同约定,由建设单位采购建筑材料、建筑构配件和设备的,建设单位应当保证建筑材料、建筑构配件和设备符合设计文件和合同要求。建设单位不得明示或者暗示施工单位使用不合格的建筑材料、建筑构配件和设备。

3)涉及建筑主体和承重结构变动的装修工程,建设单位应当在施工前委托原设计单位或者具有相应资质等级的设计单位提出设计方案;没有设计方案的,不得施工。房屋建筑使用者在装修过程中,不得擅自变动房屋建筑主体和承重结构。

(5)组织工程竣工验收。建设单位收到建设工程竣工报告后,应当组织设计、施工、工程监理等有关单位进行竣工验收。建设工程经验收合格的,方可交付使用。

建设工程竣工验收应当具备下列条件:

1)完成建设工程设计和合同约定的各项内容;

2)有完整的技术档案和施工管理资料;

3)有工程使用的主要建筑材料、建筑构配件和设备的进场试验报告;

4)有勘察、设计、施工、工程监理等单位分别签署的质量合格文件;

5)有施工单位签署的工程保修书。

建设单位应当严格按照国家有关档案管理的规定,及时收集、整理建设项目各环节的文件资料,建立、健全建设项目档案,并在建设工程竣工验收后,及时向建设行政主管部门或者其他有关部门移交建设项目档案。

2. 勘察、设计单位的质量责任和义务

(1)工程承揽。从事建设工程勘察、设计的单位应当依法取得相应等级的资质证书,并在其资质等级许可的范围内承揽工程。禁止勘察、设计单位超越其资质等级许可的范围或者以其他勘察、设计单位的名义承揽工程。禁止勘察、设计单位允许其他单位或者个人以本单位的名义承揽工程。勘察、设计单位不得转包或者违法分包所承揽的工程。

(2)勘察设计过程中的质量责任和义务。勘察、设计单位必须按照工程建设强制性标准进行勘察、设计，并对其勘察、设计的质量负责。勘察单位提供的地质、测量、水文等勘察成果必须真实、准确。设计单位应当根据勘察成果文件进行建设工程设计。设计文件应当符合国家规定的设计深度要求，注明工程合理使用年限。注册建筑师、注册结构工程师等注册执业人员应当在设计文件上签字，对设计文件负责。设计单位还应当就审查合格的施工图设计文件向施工单位作出详细说明。

设计单位在设计文件中选用的建筑材料、建筑构配件和设备，应当注明规格、型号、性能等技术指标，其质量要求必须符合国家规定的标准。除有特殊要求的建筑材料、专用设备、工艺生产线等外，设计单位不得指定生产厂家、供应商。

设计单位还应当参与建设工程质量事故分析，并对因设计造成的质量事故，提出相应的技术处理方案。

3. 施工单位的质量责任和义务

（1）工程承揽。施工单位应当依法取得相应等级的资质证书，并在其资质等级许可的范围内承揽工程。禁止施工单位超越本单位资质等级许可的业务范围或者以其他施工单位的名义承揽工程；禁止施工单位允许其他单位或者个人以本单位的名义承揽工程。施工单位不得转包或者违法分包工程。

（2）工程施工质量责任和义务。施工单位对建设工程的施工质量负责。施工单位应当建立质量责任制，确定工程项目的项目经理、技术负责人和施工管理负责人。施工单位还应当建立、健全教育培训制度，加强对职工的教育培训；未经教育培训或者考核不合格的人员，不得上岗作业。

建设工程实行总承包的，总承包单位应当对全部建设工程质量负责；建设工程勘察、设计、施工、设备采购的一项或者多项实行总承包的，总承包单位应当对其承包的建设工程或者采购的设备的质量负责。

总承包单位依法将建设工程分包给其他单位的，分包单位应当按照分包合同的约定对其分包工程的质量向总承包单位负责，总承包单位与分包单位对分包工程的质量承担连带责任。

施工单位必须按照工程设计图纸和施工技术标准施工，不得擅自修改工程设计，不得偷工减料。施工单位在施工过程中发现设计文件和图纸有差错的，应当及时提出意见和建议。

（3）质量检验。施工单位必须按照工程设计要求、施工技术标准和合同约定，对建筑材料、建筑构配件、设备和商品混凝土进行检验，检验应当有书面记录和专人签字；未经检验或者检验不合格的，不得使用。

施工人员对涉及结构安全的试块、试件以及有关材料，应当在建设单位或者工程监理单位监督下现场取样，并送具有相应资质等级的质量检测单位进行检测。

施工单位必须建立、健全施工质量的检验制度，严格工序管理，做好隐蔽工程的质量检查和记录。隐蔽工程在隐蔽前，施工单位应当通知建设单位和建设工程质量监督机构。施工单位对施工中出现质量问题的建设工程或者竣工验收不合格的建设工程，应当负责返修。

4. 工程监理单位的质量责任和义务

（1）建设工程监理业务承揽。工程监理单位应当依法取得相应等级的资质证书，并在其资质等级许可的范围内承担工程监理业务。禁止工程监理单位超越本单位资质等级许可的范围或者以其他工程监理单位的名义承担建设工程监理业务；禁止工程监理单位允许其他单位或者个人以本单位的名义承担建设工程监理业务。工程监理单位不得转让建设工程监理业务。

工程监理单位与被监理工程的施工承包单位以及建筑材料、建筑构配件和设备供应单位有隶属关系或者其他利害关系的，不得承担该项建设工程的监理业务。

（2）建设工程监理实施。工程监理单位应当依照法律、法规以及有关技术标准、设计文件和建设工程承包合同，代表建设单位对工程施工质量实施监理，并对工程施工质量承担监理责任。

监理工程师应当按照建设工程监理规范的要求，采取旁站、巡视和平行检验等形式，对建设工程实施监理。

5. 工程质量保修

（1）建设工程质量保修制度。建设工程实行质量保修制度。建设工程承包单位在向建设单位提交工程竣工验收报告时，应当向建设单位出具质量保修书。质量保修书中应当明确建设工程的保修范围、保修期限和保修责任等。建设工程的保修期，自竣工验收合格之日起计算。

建设工程在保修范围和保修期限内发生质量问题的，施工单位应当履行保修义务，并对造成的损失承担赔偿责任。建设工程在超过合理使用年限后需要继续使用的，产权所有人应当委托具有相应资质等级的勘察、设计单位鉴定，并根据鉴定结果采取加固、维修等措施，重新界定使用期。

（2）建设工程最低保修期限。在正常使用条件下，建设工程最低保修期限为：

1）基础设施工程、房屋建筑的地基基础工程和主体结构工程，为设计文件规定的该工程合理使用年限。

2）屋面防水工程、有防水要求的卫生间、房间和外墙面的防渗漏，为5年。

3）供热与供冷系统，为2个采暖期、供冷期。

4）电气管道、给排水管道、设备安装和装修工程，为2年。

其他工程的保修期限由发包方与承包方约定。

6. 工程竣工验收备案和质量事故报告

（1）工程竣工验收备案。建设单位应当自建设工程竣工验收合格之日起15日内，将建设工程竣工验收报告和规划、公安消防、环保等部门出具的认可文件或者准许使用文件报建设行政主管部门或者其他有关部门备案。

（2）工程质量事故报告。建设工程发生质量事故，有关单位应当在24小时内向当地建设行政主管部门和其他有关部门报告。对重大质量事故，事故发生地的建设行政主管部门和其他有关部门应当按照事故类别和等级向当地人民政府和上级建设行政主管部门和其他有关部门报告。特别重大质量事故的调查程序按照国务院有关规定办理。任何单位和个人对建设工程的质量事故、质量缺陷都有权检举、控告、投诉。

《建筑工程质量管理条例》详见附录3。

1.2.4 建设工程安全生产管理条例

为了加强建设工程安全生产监督管理,《建设工程安全生产管理条例》明确了建设单位、勘察单位、设计单位、施工单位、工程监理单位及其他与建设工程安全生产有关单位的安全生产责任,以及生产安全事故应急救援和调查处理的相关事宜。

1.建设单位的安全责任

(1)提供资料。建设单位应当向施工单位提供施工现场及毗邻区域内供水、排水、供电、供气、供热、通信、广播电视等地下管线资料,气象和水文观测资料,相邻建筑物和构筑物、地下工程的有关资料,并保证资料的真实、准确、完整。

(2)禁止行为。建设单位不得对勘察、设计、施工、工程监理等单位提出不符合建设工程安全生产法律、法规和强制性标准规定的要求,不得压缩合同约定的工期;不得明示或者暗示施工单位购买、租赁、使用不符合安全施工要求的安全防护用具、机械设备、施工机具及配件、消防设施和器材。

(3)安全施工措施及其费用。建设单位在编制工程概算时,应当确定建设工程安全作业环境及安全施工措施所需费用;在申请领取施工许可证时,应当提供建设工程有关安全施工措施的资料。

依法批准开工报告的建设工程,建设单位应当自开工报告批准之日起15日内,将保证安全施工的措施报送建设工程所在地的县级以上地方人民政府建设行政主管部门或者其他有关部门备案。

(4)拆除工程发包与备案。建设单位应当将拆除工程发包给具有相应资质等级的施工单位,并在拆除工程施工15日前,将下列资料报送建设工程所在地的县级以上地方人民政府建设行政主管部门或者其他有关部门备案:

1)施工单位资质等级证明;

2)拟拆除建筑物、构筑物及可能危及毗邻建筑的说明;

3)拆除施工组织方案;

4)堆放、清除废弃物的措施。

实施爆破作业的,应当遵守国家有关民用爆炸物品管理的规定。

2.勘察、设计、工程监理及其他有关单位的安全责任

(1)勘察单位的安全责任。勘察单位应当按照法律、法规和工程建设强制性标准进行勘察,提供的勘察文件应当真实、准确,能够满足建设工程安全生产的需要。

(2)设计单位的安全责任。设计单位应当按照法律、法规和工程建设强制性标准进行设计,防止因设计不合理导致生产安全事故的发生。

(3)工程监理单位的安全责任。工程监理单位和监理工程师应当按照法律、法规和工程建设强制性标准实施监理,并对建设工程安全生产承担监理责任。

(4)机械设备配件供应单位的安全责任。机械设备配件供应单位应当供应符合国家相关标准要求的机械设备配件,承担因提供不符合要求机械设备配件造成安全事故的赔偿责任。

(5)施工机械设施安装单位的安全责任。施工机械设施安装单位应当按照国家相关标准安装施工机械设施,承担所安装施工机械设施安全运行的保证责任。

3.施工单位的安全责任

(1)工程承揽。施工单位从事建设工程的新建、扩建、改建和拆除等活动,应当具备国家规定的注册资本、专业技术人员、技术装备和安全生产等条件,依法取得相应等级的资质证书,并在其资质等级许可的范围内承揽工程。

(2)安全生产责任制度。施工单位主要负责人依法对本单位的安全生产工作全面负责。施工单位应当建立健全安全生产责任制度,制定安全生产规章制度和操作规程,保证本单位安全生产条件所需资金的投入,对所承担的建设工程进行定期和专项安全检查,并做好安全检查记录。

(3)安全生产管理费用。施工单位对列入建设工程概算的安全作业环境及安全施工措施所需费用,应当用于施工安全防护用具及设施的采购和更新、安全施工措施的落实、安全生产条件的改善,不得挪作他用。

(4)施工现场安全生产管理。施工单位应当设立安全生产管理机构,配备专职安全生产管理人员。建设工程施工前,施工单位负责项目管理的技术人员应当对有关安全施工的技术要求向施工作业班组、作业人员做出详细说明,并由双方签字确认。

(5)安全生产教育培训。施工单位的主要负责人、项目负责人、专职安全生产管理人员应当经建设行政主管部门或者其他有关部门考核合格后方可任职。

(6)安全技术措施和专项施工方案。施工单位应当制定详细可靠,具有可操作性,并符合施工现场实际的安全技术措施和专项施工方案。

(7)施工现场安全防护。施工单位应当按安全技术措施和专项施工方案,实施施工现场安全防护。安全防护措施应当符合《建筑施工安全检查标准》(JGJ 59—××××)的要求。

(8)施工现场卫生、环境与消防安全管理。施工单位应当按照相关规定搞好施工现场的卫生和环境。施工现场消防安全必须符合消防部门的要求。

(9)施工机具设备安全管理。施工单位应当制定施工机具设备安全使用管理制度,在施工生产过程中检查落实情况,发现安全隐患及时处理,保证施工机具设备安全运转。

(10)意外伤害保险。施工单位应当按照国家相关部门的规定购买意外伤害保险。

4.生产安全事故的应急救援和调查处理

(1)生产安全事故应急救援。县级以上地方人民政府建设行政主管部门应当根据本级人民政府的要求,制定本行政区域内建设工程特大生产安全事故应急救援预案。

(2)生产安全事故调查处理。

发生生产安全事故后,施工单位应当采取措施防止事故扩大,保护事故现场。需要移动现场物品时,应当做出标记和书面记录,妥善保管有关证物。

1.2.5 建设工程监理规范(GB/T 50319—2013)

为了规范建设工程监理与相关服务行为,提高建设工程监理与相关服务水平,2013 年 5 月修订后发布的《建设工程监理规范》(GB/T 50319—2013)共分 9 章和 3 个附录,主要技术内容包括:总则、术语、项目监理机构及其设施、监理规划及监理实施细则、工程质量、投资、进度控制及安全生产管理的监理工作、工程变更、索赔及施工合同争议的处理、监理文件资料管理、设备采购与设备监造、相关服务等。

一、总则

(1)制定目的：为规范建设工程监理与相关服务行为，提高建设工程监理与相关服务水平。

(2)适用范围：适用于新建、扩建、改建的建设工程监理与相关服务活动。

(3)关于建设工程监理合同形式和内容的规定。

(4)建设单位向施工单位书面通知工程监理的范围、内容和权限及总监理工程师姓名的规定。

(5)建设单位、施工单位及工程监理单位之间涉及施工合同联系活动的工作关系。

(6)实施建设工程监理的主要依据：①法律法规及工程建设标准；②建设工程勘察设计文件；③建设工程监理合同及其他合同文件。

(7)建设工程监理应实行总监理工程师负责制的规定。

(8)建设工程监理宜实施信息化管理的规定。

(9)工程监理单位应公平、独立、诚信、科学地开展建设工程监理与相关服务活动。

(10)建设工程监理与相关服务活动应符合《建设工程监理规范》(GB/T 50319—2013)和国家现行有关标准的规定。

二、术语

《建设工程监理规范》(GB/T 50319—2013)解释了工程监理单位、建设工程监理、相关服务、项目监理机构、注册监理工程师、总监理工程师、总监理工程师代表、专业监理工程师、监理员、监理规划、监理实施细则、工程计量、旁站、巡视、平行检验、见证取样、工程延期、工期延误、工程临时延期批准、工程最终延期批准、监理日志、监理月报、设备监造、监理文件资料等 24 个建设工程监理常用术语。

三、项目监理机构及其设施

《建设工程监理规范》(GB/T 50319—2013)明确了项目监理机构的人员构成和职责，规定了监理设施的提供和管理。

(1)项目监理机构人员：项目监理机构的监理人员应由总监理工程师、专业监理工程师和监理员组成，且专业配套、数量应满足建设工程监理工作需要，必要时可设总监理工程师代表。

(2)监理设施：要求监理单位为项目监理机构配备满足开展工程监理工作所需的监理设施，如办公设备、检测设备、打印设备等。

四、监理规划及监理实施细则

《建设工程监理规范》(GB/T 50319—2013)对监理规划及监理实施细则应包含的内容及应达到的深度做了明确规定。

五、工程质量、投资、进度控制及安全生产管理的监理工作

《建设工程监理规范》(GB/T 50319—2013)明确规定了监理工程师在实施监理工作中对工程质量、投资、进度控制及安全生产管理的职责要求。

六、工程变更、索赔及施工合同争议的处理

《建设工程监理规范》(GB/T 50319—2013)明确规定了监理工程师在实施监理工作中，处理工程变更、索赔及施工合同争议的权限和要求。

七、监理文件资料管理

《建设工程监理规范》(GB/T 50319—2013)明确规定了监理文件资料的范围及管理要求。

八、设备采购与设备监造

《建设工程监理规范》(GB/T 50319—2013)明确规定了监理工程师在设备采购与设备监造监理工作中的内容与要求。

九、相关服务

《建设工程监理规范》(GB/T 50319—2013)对相关服务的内容与监理工作要求做了明确规定。

《建设工程监理规范》(GB/T 50319—2013)详见附录1。

1.2.6 房屋建筑工程施工旁站监理管理办法(试行)

第一条 为加强对房屋建筑工程施工旁站监理的管理,保证工程质量,依据《建设工程质量管理条例》的有关规定,制定本办法。

第二条 本办法所称房屋建筑工程施工旁站监理(以下简称旁站监理),是指监理人员在房屋建筑工程施工阶段监理中,对关键部位、关键工序的施工质量实施全过程现场跟班的监督活动。

本办法所规定的房屋建筑工程的关键部位、关键工序,在基础工程方面包括土方回填,混凝土灌注桩浇筑,地下连续墙、土钉墙、后浇带及其他结构混凝土、防水混凝土浇筑,卷材防水层细部构造处理,钢结构安装;在主体结构工程方面包括梁柱节点钢筋隐蔽过程,混凝土浇筑,预应力张拉,装配式结构安装,钢结构安装,网架结构安装,索膜安装。

第三条 监理企业在编制监理规划时,应当制定旁站监理方案,明确旁站监理的范围、内容、程序和旁站监理人员职责等。旁站监理方案应当送建设单位和施工企业各一份,并抄送工程所在地的建设行政主管部门或其委托的工程质量监督机构。

第四条 施工企业根据监理企业制定的旁站监理方案,在需要实施旁站监理的关键部位、关键工序进行施工前24小时,应当书面通知监理企业派驻工地的项目监理机构。项目监理机构应当安排旁站监理人员按照旁站监理方案实施旁站监理。

第五条 旁站监理在总监理工程师的指导下,由现场监理人员负责具体实施。

第六条 旁站监理人员的主要职责如下:

(1)检查施工企业现场质检人员到岗、特殊工种人员持证上岗以及施工机械、建筑材料准备情况;

(2)在现场跟班监督关键部位、关键工序的施工执行施工方案以及工程建设强制性标准情况;

(3)核查进场建筑材料、建筑构配件、设备和商品混凝土的质量检验报告等,并可在现场监督施工企业进行检验或者委托具有资格的第三方进行复验;

(4)做好旁站监理记录和监理日记,保存旁站监理原始资料。

第七条 旁站监理人员应当认真履行职责,对需要实施旁站监理的关键部位、关键工序在施工现场跟班监督,及时发现和处理旁站监理过程中出现的质量问题,如实准确地做好旁站监理记录。凡旁站监理人员和施工企业现场质检人员未在旁站监理记录(见附件)上签字的,不得进行下一道工序施工。

第八条　旁站监理人员实施旁站监理时，发现施工企业有违反工程建设强制性标准行为的，有权责令施工企业立即整改；发现其施工活动已经或者可能危及工程质量的，应当及时向监理工程师或者总监理工程师报告，由总监理工程师下达局部暂停施工指令或者采取其他应急措施。

第九条　旁站监理记录是监理工程师或者总监理工程师依法行使有关签字权的重要依据。对于需要旁站监理的关键部位、关键工序施工，凡没有实施旁站监理或者没有旁站监理记录的，监理工程师或者总监理工程师不得在相应文件上签字。在工程竣工验收后，监理企业应当将旁站监理记录存档备查。

第十条　对于按照本办法规定的关键部位、关键工序实施旁站监理的，建设单位应当严格按照国家规定的监理取费标准执行；对于超出本办法规定的范围，建设单位要求监理企业实施旁站监理的，建设单位应当另行支付监理费用，具体费用标准由建设单位与监理企业在合同中约定。

第十一条　建设行政主管部门应当加强对旁站监理的监督检查，对于不按照本办法实施旁站监理的监理企业和有关监理人员要进行通报，责令整改，并作为不良记录载入该企业和有关人员的信用档案；情节严重的，在资质年检时应定为不合格，并按照下一个资质等级重新核定其资质等级；对于不按照本办法实施旁站监理而发生工程质量事故的，除依法对有关责任单位进行处罚外，还要依法追究监理企业和有关监理人员的相应责任。

第十二条　其他工程的施工旁站监理，可以参照本办法实施。

第十三条　本办法自 2003 年 1 月 1 日起施行。

本章小结

本章是对建设工程监理的简要概述。要求掌握建设监理的概念、性质、任务与内容以及现阶段建设工程监理的特点，熟悉理解建设工程监理的依据、作用与范围，了解建设工程监理的简要发展过程，了解与建设工程监理相关的法律法规等。

练习题

1. 建设工程监理的概念。
2. 建设工程监理的范围是怎样的？
3. 请简述建设工程监理的性质。
4. 请简述建设工程监理的依据。
5. 建设工程监理的特点是什么？
6. 建设工程监理的主要作用是什么？
7. 建设工程质量管理条例中关于保修期的规定是什么？

第 2 章　建设工程监理企业、人员与监理组织

2.1　建设工程监理企业

2.1.1　建设工程监理企业

建设工程监理企业是依法成立并取得国务院建设主管部门颁发的工程监理企业资质证书，从事建设工程监理活动的服务机构。

建设工程监理企业首先应是依《中华人民共和国公司法》注册成立的企业，然后再取得工程监理企业资质证书，同时满足以上两个条件的企业才能从事建设工程监理工作。建设工程监理企业是注册监理工程师的执业机构，是建筑市场的三大主体之一。

建设工程监理企业既不像项目法人那样进行投资，以获得工程项目，也不像承包商那样直接建造工程项目。建设工程监理企业从事的工程监理工作，是为项目法人建设工程项目提供智力咨询服务，本质上是智力活动。建设工程监理企业服务质量的好坏，主要取决于建设工程监理企业特别是直接参与建设工程项目监理的监理人员，对建设工程各个环节的控制能力。

2.1.2　建设工程监理企业分类

建设工程监理企业可以依据不同的划分准确进行分类。

（1）建设工程监理企业按经济性质划分，可以是国有、集体或私有性质的。在建设监理制实施的早期，许多建设监理企业往往是由国有性质企业出资设立的下属企业，或是由国有性质企业分离设立的。这类企业发展到现在，基本上都已实行了公司制改造，变成了有限责任公司或股份有限公司。现阶段的建设工程监理企业，基本上都是公司制的监理企业。

建设工程监理企业按组织形式的不同可分公司制监理企业、中外合资制监理企业和中外合作制监理企业，以下进行简要介绍。

1）公司制监理企业。

公司制监理企业是依《中华人民共和国公司法》依法成立的建设工程监理企业。按照《公司法》，公司制监理企业可分为有限责任公司和股份有限公司两种。有限责任公司的股东以其认缴的出资额为限对公司承担责任；股份有限公司的股东以其认购的股份为限对公司承担责任。

2）中外合资经营制监理企业。

中外合资经营制监理企业是依《中华人民共和国中外合资经营企业法》依法成立的建设工程监理企业。在中外合资经营企业的注册资本中，外国合营者的投资比例一般不低于百分之二十五，同时合营各方按注册资本比例分享利润和分担风险及亏损。合营企业的形式为有

限责任公司。

3）中外合作经营制监理企业

中外合作经营制监理企业是依《中华人民共和国中外合作经营企业法》依法成立的建设工程监理企业。合作企业符合中国法律关于法人条件的规定，依法取得中国法人资格。

（2）建设工程监理企业按照资质划分为综合类资质、专业类资质和事务所资质。综合资质、事务所资质不分级别。专业资质分为甲级、乙级；其中，房屋建筑、水利水电、公路和市政公用专业资质可设立丙级。具体分类情况在后面小节中介绍。

2.1.3 建设工程监理企业的设立

建设工程监理企业的设立需满足以下条件：

（1）先到工商行政管理部门登记注册并取得企业法人营业执照后，才能到建设行政主管部门办理资质申请手续。

（2）完成执业人员注册手续，相应专业的注册监理工程师满足国家规定标准。

（3）有固定的办公场所。

（4）有较完善的组织结构。

（5）有相应的质量安全管理体系和技术、档案等管理制度。

（6）有必要的工程试验检测设备。

建设工程监理企业应按照当地建设行政管理部门的要求，提供相应资料申请设立，建设行政管理部门根据所提供资料依法批准即设立。

2.1.4 建设工程监理企业资质等级

《工程监理企业资质管理规定》（建设部令第 158 号）规定，工程监理企业资质分为综合资质、专业资质和事务所资质三个等级。其中，专业资质按照工程性质和技术特点又划分为14 个工程类别。综合资质、事务所资质不分级别。专业资质分为甲级、乙级；其中，房屋建筑、水利水电、公路和市政公用专业资质可设立丙级。

为了深入推进建筑业"放管服"改革，进一步优化建筑企业资质管理，中华人民共和国住房和城乡建设部办公厅关于调整工程监理企业甲级资质标准注册人员指标的通知规定，自2019 年 2 月 1 日起，审查工程监理专业甲级资质（含升级、延续、变更）申请时，对注册类人员指标，按相应专业乙级资质标准要求核定。

一、综合资质标准

工程监理企业综合资质标准如下：

（1）具有独立法人资格且注册资本不少于 600 万元；

（2）企业技术负责人应为注册监理工程师，并具有 15 年以上从事工程建设工作的经历或者具有工程类高级职称；

（3）具有 5 个以上工程类别的专业甲级工程监理资质；

（4）注册监理工程师不少于 60 人，注册造价工程师不少于 5 人，一级注册建造师、一级注册建筑师、一级注册结构工程师或者其他勘察设计注册工程师合计不少于 15 人次；

（5）企业具有完善的组织结构和质量管理体系，有健全的技术、档案等管理制度；

（6）企业具有必要的工程试验检测设备；

(7)申请工程监理资质之日前一年内没有规定禁止的行为；

(8)申请工程监理资质之日前一年内没有因本企业监理责任造成重大质量事故；

(9)申请工程监理资质之日前一年内没有因本企业监理责任发生生产安全事故。

二、专业资质标准

工程监理企业专业资质分甲级、乙级和丙级三个等级。

1.甲级

(1)具有独立法人资格且具有符合国家有关规定的资产。

(2)企业技术负责人应为注册监理工程师，并具有 15 年以上从事工程建设工作的经历或者具有工程类高级职称。

(3)注册监理工程师、注册造价工程师、一级注册建造师、一级注册建筑师、一级注册结构工程师或者其他勘察设计注册工程师合计不少于 25 人次；其中，相应专业注册监理工程师人数，不得少于《专业资质注册监理工程师人数配备表》(如表 2-1 所示)中要求配备的人数，注册造价工程师不少于 2 人。

表 2-1　专业资质注册监理工程师人数配备表(单位：人)

序号	工程类别	甲级	乙级	丙级
1	房屋建筑工程	15	10	5
2	冶炼工程	15	10	
3	矿山工程	20	12	
4	化工石油工程	15	10	
5	水利水电工程	20	12	5
6	电力工程	15	10	
7	农林工程	15	10	
8	铁路工程	23	14	
9	公路工程	20	12	5
10	港口与航道工程	20	12	
11	航天航空工程	20	12	
12	通信工程	20	12	
13	市政公用工程	15	10	5
14	机电安装工程	15	10	

注：表中各专业资质注册监理工程师人数配备是指企业取得本专业工程类别注册的注册监理工程师人数。

（4）企业近2年内独立监理过3个以上相应专业的二级工程项目，但是，具有甲级设计资质或一级及以上施工总承包资质的企业申请本专业工程类别甲级资质的除外。

（5）企业具有完善的组织结构和质量管理体系，有健全的技术、档案等管理制度。

（6）企业具有必要的工程试验检测设备。

（7）申请工程监理资质之日前一年内没有规定禁止的行为。

（8）申请工程监理资质之日前一年内没有因本企业监理责任造成重大质量事故。

（9）申请工程监理资质之日前一年内没有因本企业监理责任发生三级以上工程建设重大安全事故或者发生两起以上四级工程建设安全事故。

2.乙级

（1）具有独立法人资格且注册资本不少于100万元。

（2）企业技术负责人应为注册监理工程师，并具有10年以上从事工程建设工作的经历。

（3）注册监理工程师、注册造价工程师、一级注册建造师、一级注册建筑师、一级注册结构工程师或者其他勘察设计注册工程师合计不少于15人。其中，相应专业注册监理工程师不少于《专业资质注册监理工程师人数配备表》（如表2-1所示）中要求配备的人数，注册造价工程师不少于1人。

（4）有较完善的组织结构和质量管理体系，有技术、档案等管理制度。

（5）有必要的工程试验检测设备。

（6）申请工程监理资质之日前一年内没有本规定禁止的行为。

（7）申请工程监理资质之日前一年内没有因本企业监理责任造成重大质量事故。

（8）申请工程监理资质之日前一年内没有因本企业监理责任发生三级以上工程建设重大安全事故或者发生两起以上四级工程建设安全事故。

3.丙级

（1）具有独立法人资格且注册资本不少于50万元。

（2）企业技术负责人应为注册监理工程师，并具有8年以上从事工程建设工作的经历。

（3）相应专业的注册监理工程师不少于《专业资质注册监理工程师人数配备表》（如表2-1所示）中要求配备的人数。

（4）有必要的质量管理体系和规章制度。

（5）有必要的工程试验检测设备。

三、事务所资质标准

（1）取得合伙企业营业执照，具有书面合作协议书。

（2）合伙人中有3名以上注册监理工程师，合伙人均有5年以上从事建设工程监理的工作经历。

（3）有固定的工作场所。

（4）有必要的质量管理体系和规章制度。

（5）有必要的工程试验检测设备。

四、资质调整情况

中华人民共和国住房和城乡建设部2020年11月30日以《住房和城乡建设部关于印发建

设工程企业资质管理制度改革方案的通知》(建市〔2020〕94 号)对工程监理企业分类分级进行了调整。调整后的分类分级如表 2-2 所示。

保留综合素质,取消专业资质中的水利水电工程、公路工程、港口与航道工程、农林工程资质,保留其余 10 类专业工程;取消事务所资质。综合资质不分等级,专业资质等级压减为甲、乙两级。同时,调整了部分专业名称。

表 2-2　工程监理资质

资质类别	序号	监理资质类型	等级
综合资质	1	综合资质	不分等级
专业资质	1	建筑工程专业	甲、乙级
	2	铁路工程专业	甲、乙级
	3	市政公用工程专业	甲、乙级
	4	电力工程专业	甲、乙级
	5	矿山工程专业	甲、乙级
	6	冶金工程专业	甲、乙级
	7	石油化工工程专业	甲、乙级
	8	通信工程专业	甲、乙级
	9	机电工程专业	甲、乙级
	10	民航工程专业	甲、乙级

2.1.5　建设工程监理企业业务范围

2018 年 9 月 28 日,住房和城乡建设部第 42 号令"住房城乡建设部关于修改《建筑工程施工许可管理办法》的决定",将原办法的第四条第一款第七项"按照规定应当委托监理的工程已委托监理"删除。随后,雄安新区、北京、上海、天津、广州等各地出台相关地方政策,对需要监理的工程范围和规模做出了不同程度的调整。

《建设工程监理范围和规模标准规定》(中华人民共和国建设部令第 86 号)规定了实施工程监理的范围。

下列建设工程必须实行监理:

1. 国家重点建设工程

国家重点建设工程,是指依据《国家重点建设项目管理办法》所确定的对国民经济和社会发展有重大影响的骨干项目。

2. 大中型公用事业工程

大中型公用事业工程,是指项目总投资额在 3000 万元以上的下列工程项目:

(1)供水、供电、供气、供热等市政工程项目;

(2)科技、教育、文化等项目;

(3)体育、旅游、商业等项目;

（4）卫生、社会福利等项目；

（5）其他公用事业项目。

3. 成片开发建设的住宅小区工程

成片开发建设的住宅小区工程，建筑面积在 5 万平方米以上的住宅建设工程必须实行监理；5 万平方米以下的住宅建设工程，可以实行监理，具体范围和规模标准，由省、自治区、直辖市人民政府建设行政主管部门规定。

为了保证住宅质量，对高层住宅及地基、结构复杂的多层住宅应当实行监理。

4. 利用外国政府或者国际组织贷款、援助资金的工程

利用外国政府或者国际组织贷款、援助资金的工程范围包括：

（1）使用世界银行、亚洲开发银行等国际组织贷款资金的项目；

（2）使用国外政府及其机构贷款资金的项目；

（3）使用国际组织或者国外政府援助资金的项目。

5. 国家规定必须实行监理的其他工程。

（1）项目总投资额在 3000 万元以上关系社会公共利益、公众安全的下列基础设施项目：

1）煤炭、石油、化工、天然气、电力、新能源等项目；

2）铁路、公路、管道、水运、民航以及其他交通运输业等项目；

3）邮政、电信枢纽、通信、信息网络等项目；

4）防洪、灌溉、排涝、发电、引(供)水、滩涂治理、水资源保护、水土保持等水利建设项目；

5）道路、桥梁、地铁和轻轨交通、污水排放及处理、垃圾处理、地下管道、公共停车场等城市基础设施项目；

6）生态环境保护项目；

7）其他基础设施项目。

（2）学校、影剧院、体育场馆项目

除按《建设工程监理范围和规模标准规定》规定必须实施监理的上述项目外，其他工程项目是否实施工程监理由项目业主或其上级单位决定。

2.1.6 建设工程监理企业监督管理

县级以上人民政府建设主管部门和其他有关部门依照有关法律、法规和相关规定，对工程监理企业资质监督管理。

1. 监督检查措施

建设主管部门履行监督检查职责时，有权采取下列措施：

（1）要求被检查单位提供工程监理企业资质证书、注册监理工程师注册执业证书，有关工程监理业务的文档，有关质量管理、安全生产管理、档案管理等企业内部管理制度的文件。

（2）进入被检查单位进行检查，查阅相关资料。

（3）纠正违反有关法律、法规、规定及有关规范和标准的行为。

有关单位和个人对依法进行的监督检查应当协助与配合，不得拒绝或者阻挠。监督检查机关应当将监督检查的处理结果向社会公布。

2. 信用管理

工程监理企业应当按照有关规定，向资质许可机关提供真实、准确、完整的工程监理企

业的信用档案信息。工程监理企业的信用档案应当包括基本情况、业绩、工程质量和安全、合同违约等情况。被投诉举报和处理、行政处罚等情况应当作为不良行为记入其信用档案。

工程监理企业的信用档案信息按照有关规定向社会公示,公众有权查阅。

2.1.7　建设工程监理企业经营活动准则

工程监理企业从事建设工程监理活动,应当遵循守法、诚信、公平、科学的准则。

一、守法

守法,即遵守法律法规。对于工程监理企业而言,守法就是要依法经营,主要体现在以下几个方面:

(1)工程监理企业只能在核定的业务范围内开展经营活动。工程监理企业的业务范围,是指在资质证书中,经工程监理资质管理部门审查确认的主项资质和增项资质。核定的业务范围包括两方面:其一是监理业务的工程类别;其二是承接监理工程的等级。

(2)工程监理企业不得伪造、涂改、出租、出借、转让、出卖《资质等级证书》。

(3)工程监理企业应按照建设工程监理合同约定严格履行义务,不得无故或故意违背自己的承诺。

(4)工程监理企业在异地承接监理业务,要自觉遵守工程所在地有关规定,主动向工程所在地建设主管部门备案登记,接受其指导和监督管理。

(5)遵守有关法律法规规定。

二、诚信

诚信,即诚实守信。这是道德规范在市场经济中的体现。诚信原则要求市场主体在不损害他人利益和社会公共利益的前提下,追求自身利益,目的是在当事人之间的利益关系和当事人与社会之间的利益关系中实现平衡,并维护市场道德秩序。诚信原则的主要作用在于指导当事人以善意的心态、诚信的态度行使民事权利,承担民事义务,正确地从事民事活动。加强信用管理,提高信用水平,是完善我国建设工程监理制度的重要保证。诚信的实质是解决经济活动中经济主体之间的利益关系。诚信是企业经营理念、经营责任和经营文化的集中体现。信用是企业的一种无形资产,良好的信用能为企业带来巨大效益。信用不仅是企业参与市场公平竞争的基本条件,而且是我国企业"走出去"、进入国际市场的身份证。工程监理企业应当树立良好的信用意识,使企业成为讲道德、讲信用的市场主体。工程监理企业应当建立健全企业信用管理制度。包括(1)建立健全合同管理制度;(2)建立健全与建设单位的合作制度,及时进行信息沟通,增强相互间信任;(3)建立健全建设工程监理服务需求调查制度,这也是企业进行有效竞争和防范经营风险的重要手段之一;(4)建立企业内部信用管理责任制度,及时检查和评估企业信用实施情况,不断提高企业信用管理水平。

三、公平

公平,是指工程监理企业在监理活动中既要维护建设单位利益,又不能损害施工单位合法权益,并依据合同公平合理地处理建设单位与施工单位之间的争议。工程监理企业要做到公平,必须做到以下几点:

(1)要具有良好的职业道德;

(2)要坚持实事求是;

（3）要熟悉建设工程合同有关条款；

（4）要提高专业技术能力；

（5）要提高综合分析判断问题的能力。

四、科学

科学，是指工程监理企业要依据科学的方案，运用科学的手段，采取科学的方法开展监理工作。建设工程监理工作结束后，还要进行科学的总结。实施科学化管理主要体现在：

1. 科学的方案

建设工程监理方案主要是指监理规划和监理实施细则。在建设项目实施工程监理前，要尽可能准确地预测出各种可能的问题，有针对性地拟定解决办法，制定出切实可行、行之有效的监理规划和监理实施细则，将各项监理活动都纳入计划管理轨道。

2. 科学的手段

实施建设工程监理，必须借助于先进的科学仪器才能做好监理工作，如各种检测、试验、化验仪器、摄录像设备及计算机等。

3. 科学的方法

监理工作的科学方法主要体现在监理人员在掌握大量、确凿的有关监理对象及其外部环境实际情况的基础上，适时、妥帖、高效地处理有关问题，解决问题要用事实说话、用书面文字说话、用数据说话；要开发、利用计算机信息平台和软件辅助建设工程监理工作的实施。

2.1.8 建设工程监理费用

建设工程监理及相关服务收费根据工程项目的性质不同，分别实行政府指导价或市场调节价。依法必须实行监理的工程，监理收费实行政府指导价；其他工程的监理收费与相关服务收费实行市场调节价。实行政府指导价的建设工程监理收费，其基准价根据《建设工程监理与相关服务收费标准》（发改价格〔2007〕670号）计算，浮动幅度为上下20%。建设单位和工程监理单位应当根据建设工程的实际情况在规定的浮动幅度内协商确定收费额。实行市场调节价的建设工程监理与相关服务收费，由建设单位和工程监理单位协商确定收费额。施工监理服务收费基价表如表2-3所示。

建设工程监理服务收费的计算。建设工程监理服务收费按下式计算：

建设工程监理服务收费=建设工程监理服务收费基准价×(1±浮动幅度值)

其中，施工监理收费基准价=施工监理服务收费基价×专业调整系数×工程复杂程度调整系数×附加调整系数。

表2-3 施工监理服务收费基价表(单位：万元)

序号	计费额	收费基价
1	500	16.5
2	1000	30.1
3	3000	78.1
4	5000	120.8

续表2-3

序号	计费额	收费基价
5	8000	181.0
6	10000	218.6
7	20000	393.4
8	40000	708.2
9	60000	991.4
10	80000	1255.8
11	100000	1507.0
12	200000	2712.5
13	400000	4882.6
14	600000	6835.6
15	800000	8658.4
16	1000000	10390.1

注：计费额大于1000000万元的，以计费额乘以1.039%的收费率计算改费基价，其他未包含的其收费由双方协商议定。

相关服务收费一般按相关服务工作所需工日和如表2-4所示的规定收费。

表 2-4　建设工程监理与相关服务人员人工日费用标准

建设工程监理与相关服务人员职级	工日费用标准/元
一、高级专家	1000~1200
二、高级专业技术职称的监理与相关服务人员	800~1000
三、中级专业技术职称的监理与相关服务人员	600~800
四、初级及以下专业技术职称监理与相关服务人员	300~600

注：本表适用于提供短期相关服务的人工费用标准。

2.2　注册监理工程师

2.2.1　注册监理工程师

注册监理工程师是指取得国务院建设主管部门颁发的《中华人民共和国注册监理工程师注册执业证书》和执业印章，从事建设工程监理与相关服务等活动的人员。

取得国务院建设主管部门颁发的《中华人民共和国注册监理工程师注册执业证书》，需要参加国务院人事主管部门和建设主管部门统一组织的监理工程师执业资格统一考试，并且成绩合格，再履行必要的申报注册程序。注册监理工程师的执业机构是建设工程监理企业。注册监理工程师必须且只能注册于一家建设工程监理企业，才能从事建设工程监理工作。

注册监理工程师可以从事建设工程监理、工程经济与技术咨询、工程招标与采购咨询、工程项目管理服务以及国务院有关部门规定的其他业务。建设工程监理活动中形成的监理文件由注册监理工程师按照规定签字盖章后方可生效。修改经注册监理工程师签字盖章的建设工程监理文件，应当由该注册监理工程师进行；因特殊情况，该注册监理工程师不能进行修改的，应当由其他注册监理工程师修改，并签字、加盖执业印章，对修改部分承担责任。注册监理工程师从事执业活动，由所在单位接受委托并统一收费。因建设工程监理事故及相关业务造成的经济损失，聘用单位应当承担赔偿责任；聘用单位承担赔偿责任后，可依法向负有过错的注册监理工程师追偿。

注册监理工程师享有下列权利：

(1)使用注册监理工程师称谓；

(2)在规定范围内从事执业活动；

(3)依据本人能力从事相应的执业活动；

(4)保管和使用本人的注册证书和执业印章；

(5)对本人执业活动进行解释和辩护；

(6)接受继续教育；

(7)获得相应的劳动报酬；

(8)对侵犯本人权利的行为进行申诉。

注册监理工程师应当履行下列义务：

(1)遵守法律、法规和有关管理规定；

(2)履行管理职责，执行技术标准、规范和规程；

(3)保证执业活动成果的质量，并承担相应责任；

(4)接受继续教育，努力提高执业水准；

(5)在本人执业活动所形成的建设工程监理文件上签字、加盖执业印章；

(6)保守在执业中知悉的国家秘密和他人的商业、技术秘密；

(7)不得涂改、倒卖、出租、出借或者以其他形式非法转让注册证书或者执业印章；

(8)不得同时在两个或者两个以上单位受聘或者执业；

(9)在规定的执业范围和聘用单位业务范围内从事执业活动；

(10)协助注册管理机构完成相关工作。

2.2.2 监理工程师法律地位与责任

监理工程师的法律地位是由国家法律法规规定的，并建立在建设监理合同基础上。《中华人民共和国建筑法》规定了国家推行工程监理制度。《建设工程质量管理条例》确定了监理工程师的签字权，明确了监理工程师的职责。《建设工程安全生产管理条例》确定了监理工程师在施工生产过程中的监理责任。这些规定使监理工程师执业有了明确的法律依据，从而确定了监理工程师的法律地位。同时，在建设工程监理合同中，也明确了监理工程师在具体建设工程项目监理中的权利与义务。

《注册监理工程师管理规定》规定了监理工程师的法律责任如下：

（1）隐瞒有关情况或者提供虚假材料申请注册的，建设主管部门不予受理或者不予注册，并给予警告，1 年之内不得再次申请注册。

（2）以欺骗、贿赂等不正当手段取得注册证书的，由国务院建设主管部门撤销其注册，3 年内不得再次申请注册，并由县级以上地方人民政府建设主管部门处以罚款，其中没有违法所得的，处以 1 万元以下罚款，有违法所得的，处以违法所得 3 倍以下且不超过 3 万元的罚款；构成犯罪的，依法追究刑事责任。

（3）违反本规定，未经注册，擅自以注册监理工程师的名义从事工程监理及相关业务活动的，由县级以上地方人民政府建设主管部门给予警告，责令停止违法行为，处以 3 万元以下罚款；造成损失的，依法承担赔偿责任。

（4）违反本规定，未办理变更注册仍执业的，由县级以上地方人民政府建设主管部门给予警告，责令限期改正；逾期不改的，可处以 5000 元以下的罚款。

（5）注册监理工程师在执业活动中有下列行为之一的，由县级以上地方人民政府建设主管部门给予警告，责令其改正，没有违法所得的，处以 1 万元以下罚款，有违法所得的，处以违法所得 3 倍以下且不超过 3 万元的罚款；造成损失的，依法承担赔偿责任；构成犯罪的，依法追究刑事责任：

1）以个人名义承接业务的；

2）涂改、倒卖、出租、出借或者以其他形式非法转让注册证书或者执业印章的；

3）泄露执业中应当保守的秘密并造成严重后果的；

4）超出规定执业范围或者聘用单位业务范围从事执业活动的；

5）弄虚作假提供执业活动成果的；

6）同时受聘于两个或者两个以上的单位，从事执业活动的；

7）其他违反法律、法规、规章的行为。

（6）有下列情形之一的，国务院建设主管部门依据职权或者根据利害关系人的请求，可以撤销监理工程师注册：

1）工作人员滥用职权、玩忽职守颁发注册证书和执业印章的；

2）超越法定职权颁发注册证书和执业印章的；

3）违反法定程序颁发注册证书和执业印章的；

4）对不符合法定条件的申请人颁发注册证书和执业印章的；

5）依法可以撤销注册的其他情形。

《注册监理工程师管理规定》同时规定，县级以上人民政府建设主管部门的工作人员，在注册监理工程师管理工作中，有下列情形之一的，依法给予处分；构成犯罪的，依法追究刑事责任：

（1）对不符合法定条件的申请人颁发注册证书和执业印章的；

（2）对符合法定条件的申请人不予颁发注册证书和执业印章的；

（3）对符合法定条件的申请人未在法定期限内颁发注册证书和执业印章的；

（4）对符合法定条件的申请不予受理或者未在法定期限内初审完毕的；

（5）利用职务上的便利，收受他人财物或者其他好处的；

（6）不依法履行监督管理职责，或者发现违法行为不予查处的。

《建设工程安全生产管理条例》第五十七条规定："工程监理单位有下列行为之一的，责令限期改正；逾期未改正的，责令停业整顿，并处 10 万元以上 30 万元以下的罚款；情节严重的，降低资质等级，直至吊销资质证书；造成重大安全事故，构成犯罪的，对直接责任人员，依照刑法有关规定追究刑事责任；造成损失的，依法承担赔偿责任：1) 未对施工组织设计中的安全技术措施或者专项施工方案进行审查的；2) 发现安全事故隐患未及时要求施工单位整改或者暂时停止施工的；3) 施工单位拒不整改或者不停止施工，未及时向有关主管部门报告的；4) 未依照法律、法规和工程建设强制性标准实施监理的。"

《建设工程安全生产管理条例》第五十八条规定："注册监理工程师未执行法律、法规和工程建设强制性标准的，责令停止执业 3 个月以上 1 年以下；情节严重的，吊销执业资格证书，5 年内不予注册；造成重大安全事故的，终身不予注册；构成犯罪的，依照刑法有关规定追究刑事责任。"

《建设工程质量管理条例》第七十二条规定："监理工程师因过错造成质量事故的，责令停止执业 1 年；造成重大质量事故的，吊销执业资格证书，5 年以内不予注册；情节特别恶劣的，终身不予注册。"

《建设工程质量管理条例》第七十四条规定："工程监理单位违反国家规定，降低工程质量标准，造成重大安全事故，构成犯罪的，对直接责任人员依法追究刑事责任。"

《刑法》第一百三十七条规定："工程监理单位违反国家规定，降低工程质量标准，造成重大安全事故的，对直接责任人员，处五年以下有期徒刑或者拘役，并处罚金；后果特别严重的，处五年以上十年以下有期徒刑，并处罚金。"

工程监理单位是订立建设工程监理合同的当事人，监理工程师必须受聘于工程监理单位，代表工程监理单位从事建设工程监理工作。工程监理单位在履行建设工程监理合同时的监理行为，是由具体的监理工程师来实现的，因此，如果监理工程师出现工作过错，其行为被视为是工程监理单位违约。工程监理单位应承担相应的违约责任。工程监理单位在承担违约赔偿责任后，有权在企业内部向有过错行为的监理工程师追偿损失。因此，由监理工程师个人过失引发的合同违约行为，监理工程师必然要与工程监理单位承担一定的连带责任。

2.2.3 监理工程师执业资格考试

1990 年，原建设部和人事部按照有利于国家经济发展、得到社会公认、具有国际可比性、事关社会公共利益等四项原则，率先在工程建设领域建立了监理工程师执业资格制度，以考核形式确认了监理工程师执业资格 100 名。随后，又相继认定了两批监理工程师执业资格，前后共认定了 1059 名监理工程师。1992 年 6 月，原建设部发布《监理工程师资格考试和注册试行办法》(建设部第 18 号令) 明确了监理工程师考试、注册的实施方式和管理程序，我国从此开始实施监理工程师执业资格考试。

1993 年，原建设部、人事部印发《关于〈监理工程师资格考试和注册试行办法〉实施意见的通知》(建监〔1993〕415 号)，提出加强对监理工程师资格考试和注册工作的统一领导与管理，并提出了实施意见。1994 年，原建设部与人事部在北京、天津、上海、山东、广东五省市组织了监理工程师执业资格试点考试。1996 年 8 月，原建设部、人事部发布《建设部、人事部关于全国监理工程师执业资格考试工作的通知》(建监〔1996〕462 号)，从 1997 年开始，监理工程师执业资格考试实行全国统一管理、统一考纲、统一命题、统一时间、统一标准的办法，考试工作由建设部、人事部共同负责。监理工程师执业资格考试合格者，由各省、自治区、直辖市人事(职改)部门颁发人事部统一印制的人事部与建设部共同用印的《中华人民共和国监理工程师执业资格证书》，该证书在全国范围内有效。截至2013年底，取得监理工程师资格证书的人员已达21万余人。

2020年2月28日，住房和城乡建设部、交通运输部、水利部和人力资源社会保障部联合印发了《监理工程师职业资格制度规定》和《监理工程师职业资格考试实施办法》的通知(建人规〔2020〕3号)，修订了监理工程师考试的有关规定。《规定》明确国家设置监理工程师准入类职业资格，纳入国家职业资格目录。凡从事工程监理活动的单位，应当配备监理工程师。监理工程师英文译为Supervising Engineer。住房和城乡建设部、交通运输部、水利部、人力资源社会保障部共同制定监理工程师职业资格制度，并按照职责分工分别负责监理工程师职业资格制度的实施与监管。《实施办法》明确住房和城乡建设部、交通运输部、水利部、人力资源社会保障部共同委托人力资源社会保障部人事考试中心承担监理工程师职业资格考试的具体考务工作。住房和城乡建设部、交通运输部、水利部可分别委托具备相应能力的单位承担监理工程师职业资格考试工作的命题、审题和主观试题阅卷等具体工作。

一、监理工程师执业资格考试

监理工程师职业资格考试全国统一大纲、统一命题、统一组织。考试设置基础科目和专业科目。监理工程师职业资格考试设《建设工程监理基本理论和相关法规》《建设工程合同管理》《建设工程目标控制》《建设工程监理案例分析》4个科目。其中《建设工程监理基本理论和相关法规》《建设工程合同管理》为基础科目，《建设工程目标控制》《建设工程监理案例分析》为专业科目。监理工程师职业资格考试专业科目分为土木建筑工程、交通运输工程、水利工程3个专业类别，考生在报名时可根据实际工作需要选择。其中，土木建筑工程专业由住房和城乡建设部负责；交通运输工程专业由交通运输部负责；水利工程专业由水利部负责。住房和城乡建设部牵头组织，交通运输部、水利部参与，拟定监理工程师职业资格考试基础科目的考试大纲，组织监理工程师基础科目命审题工作。住房和城乡建设部、交通运输部、水利部按照职责分工分别负责拟定监理工程师职业资格考试专业科目的考试大纲，组织监理工程师专业科目命审题工作。人力资源社会保障部负责审定监理工程师职业资格考试科目和考试大纲，负责监理工程师职业资格考试考务工作，并会同住房和城乡建设部、交通运输部、水利部对监理工程师职业资格考试工作进行指导、监督、检查。监理工程师职业资格考试合格者，由各省、自治区、直辖市人力资源社会保障行政主管部门颁发中华人民共和国监理工程师职业资格证书(或电子证书)。该证书由人力资源社会保障部统一印制，住房和城乡建设部、交通运输部、水利部按专业类别分别与人力资源社会保障部用印，在全国范围内有效。监理工程师职业资格考试分4个半天进行。监理工程师职业资格考试成绩实行4年为一个周期的滚动管理办法，在连续的4个考试年度内通过全部考试科目，方可取得监理工程师职业资格证书。

二、监理工程师执业资格报考条件

凡遵守中华人民共和国宪法、法律、法规，具有良好的业务素质和道德品行，具备下列条件之一者，可以申请参加监理工程师职业资格考试：

(1)具有各工程大类专业大学专科学历(或高等职业教育)，从事工程施工、监理、设计等业务工作满6年；

(2)具有工学、管理科学与工程类专业大学本科学历或学位，从事工程施工、监理、设计等业务工作满 4 年；

(3)具有工学、管理科学与工程一级学科硕士学位或专业学位，从事工程施工、监理、设计等业务工作满 2 年；

(4)具有工学、管理科学与工程一级学科博士学位。

经批准同意开展试点的地区，申请参加监理工程师职业资格考试的，应当具有大学本科及以上学历或学位。

2.2.4 监理工程师执业资格注册与继续教育

监理工程师注册是政府对工程监理执业人员实行市场准入控制的有效手段。取得监理工程师资格证书的人员，经过注册方能以注册监理工程师的名义执业。监理工程师依据其所学专业、工作经历、工程业绩，按照《工程监理企业资质管理规定》(建设部令第 158 号)划分的工程类别，按专业注册。每人最多可以申请两个专业注册。

一、注册形式

根据《注册监理工程师管理规定》(建设部令第 147 号)监理工程师注册分为三种形式，即初始注册、延续注册和变更注册。

1. 初始注册

取得资格证书并受聘于一个建设工程勘察、设计、施工、监理、招标代理、造价咨询等单位的人员，应当通过聘用单位向单位工商注册所在地的省、自治区、直辖市人民政府建设主管部门提出注册申请；省、自治区、直辖市人民政府建设主管部门受理后提出初审意见，并将初审意见和全部申报材料报国务院建设主管部门审批；符合条件的，由国务院建设主管部门核发注册证书和执业印章。注册证书和执业印章是注册监理工程师的执业凭证，由注册监理工程师本人保管、使用。注册证书和执业印章的有效期为 3 年。初始注册者，可自资格证书签发之日起 3 年内提出申请。逾期未申请者，必须符合继续教育的要求后方可申请初始注册。初始注册需要提交下列材料：

(1)申请人的注册申请表；

(2)申请人的资格证书和身份证复印件；

(3)申请人与聘用单位签订的聘用劳动合同复印件；

(4)所学专业、工作经历、工程业绩、工程类中级及中级以上职称证书等有关证明材料；

(5)逾期初始注册的，应当提供达到继续教育要求的证明材料。

2. 延续注册

注册监理工程师每一注册有效期为 3 年，注册有效期满需继续执业的，应当在注册有效期满 30 日前，按照规定的程序申请延续注册。延续注册有效期 3 年。延续注册需要提交下列材料：

(1)申请人延续注册申请表；

(2)申请人与聘用单位签订的聘用劳动合同复印件；

(3)申请人注册有效期内达到继续教育要求的证明材料。

3. 变更注册

在注册有效期内，注册监理工程师变更执业单位，应当与原聘用单位解除劳动关系，并按照规定的程序办理变更注册手续，变更注册后仍延续原注册有效期。变更注册需要提交下列材料：

（1）申请人变更注册申请表；

（2）申请人与新聘用单位签订的聘用劳动合同复印件；

（3）申请人的工作调动证明（与原聘用单位解除聘用劳动合同或者聘用劳动合同到期的证明文件、退休人员的退休证明）。

二、不予注册的情形

申请人有下列情形之一的，不予初始注册、延续注册或者变更注册：

（1）不具有完全民事行为能力的；

（2）刑事处罚尚未执行完毕或者因从事建设工程监理或者相关业务受到刑事处罚，自刑事处罚执行完毕之日起至申请注册之日止不满 2 年的；

（3）未达到监理工程师继续教育要求的；

（4）在两个或者两个以上单位申请注册的；

（5）以虚假的职称证书参加考试并取得资格证书的；

（6）年龄超过 65 周岁的；

（7）法律、法规规定不予注册的其他情形。

三、注册证书和执业印章失效的情形

注册监理工程师有下列情形之一的，其注册证书和执业印章失效：

（1）聘用单位破产的；

（2）聘用单位被吊销营业执照的；

（3）聘用单位被吊销相应资质证书的；

（4）已与聘用单位解除劳动关系的；

（5）注册有效期满且未延续注册的；

（6）年龄超过 65 周岁的；

（7）死亡或者丧失行为能力的；

（8）其他导致注册失效的情形。

2.2.5　监理工程师素质

建设工程监理就是监理工程师对工程项目实施"四控两管一协调"的综合控制。为了适应建设工程监理工作的需要，监理工程师应具备以下的素质：

1. 较高的综合专业能力和扎实的理论知识

现代的建设工程项目，投资规模巨大，功能复杂，涉及的专业越来越多，只有具备综合专业能力的监理工程师，才能胜任监理工作。建设监理工作又不单单是纯粹的专业技术工作，还涉及经济管理、合同法律及协调管理等诸多方面。这就要求监理工程师必须具备复合型的知识结构和能力。

建设工程监理工作直接面对的是实际的真实的具体对象即建设工程项目。如果监理工程师没有扎实的理论知识基础，则无法面对建设工程项目建造过程中出现的千变万化的复杂情况。没有扎实理论知识基础的监理工程师，不可能胜任建设工程监理工作。监理工程师当然不可能学习和掌握所有专业的理论知识，但是监理工程师最起码至少应熟练掌握一种技术专业知识，同时还需了解工作中所涉及的其他专业知识。

2. 丰富的工程建设实践经验

建设工程监理工作具有实践性非常强的特点。工程实践的经验表明，实践经验越丰富的监理工程师，现场处理工程问题的能力越强。研究还表明，一些工程建设中的失误，往往与实践者的经验不足有关。我国在监理工程师注册制度中有对实践经验作出规定。

3. 良好的职业道德

监理工程师除应具备上述素质外，更应具备良好的职业道德。监理人员必须秉公办事，公平地处理各种问题，平衡好建设工程项目参建各方的利益，遵守国家的各项法律、法规。这就需要监理工程师具备良好的职业道德。单纯的制度制约是做好工作的必要条件，而良好的道德水准则更能保证监理工程师做好建设工程监理工作。

4. 良好的身体素质

虽然建设工程监理工作是高智能的技术服务工作，体现为"脑力"工作。但建设监理工作又有其特殊性，那就是与施工现场的结合性特别强，是一种基于施工现场的"脑力"工作，即监理工程师必须实时全面了解施工现场的施工情况，才能做出正确的处理。施工现场的露天性、全天性、工作条件差，以及施工工期往往紧迫等特点，要求监理工程师具有健康的体魄和充沛的精力。这样才能适应施工现场的建设监理工作。

2.2.6　监理工程师职业道德

注册监理工程师在执业过程中要公平，不能损害工程建设任何一方的利益，为此，注册监理工程师应严格遵守如下职业道德守则：

(1)维护国家的荣誉和利益，按照"守法、诚信、公平、科学"的经营活动准则执业；

(2)执行有关工程建设法律、法规、标准和制度，履行建设工程监理合同规定的义务；

(3)努力学习专业技术和建设工程监理知识，不断提高业务能力和监理水平；

(4)不以个人名义承揽监理业务；

(5)不同时在两个或两个以上工程监理单位注册和从事监理活动，不在政府部门和施工、材料设备的生产供应等单位兼职；

(6)不为所监理工程指定承包商、建筑构配件、设备、材料生产厂家和施工方法；

(7)不收受施工单位的任何礼金、有价证券等；

(8)不泄露所监理工程各方认为需要保密的事项；

(9)坚持独立自主地开展工作。

2.3　建设工程监理组织

建设工程监理单位接受建设单位委托后，需要按照一定的程序和原则实施监理。项目监理部作为监理单位派驻施工现场履行建设工程监理合同的执行机构，应根据建设工程监理合同约定的服务内容、服务期限，以及工程特点、规模、技术复杂程度、环境、人员、材料、机械设备条件等因素，按照一定的管理模式设立与运行，从而形成不同建设工程监理组织形式。建设工程监理组织是完成建设工程监理工作的基础和前提。

2.3.1 组织与组织结构简介

一、组织

组织是指人们为实现一定的目标,互相协作结合而成的集体,如党团组织、企业组织、军事组织、社团组织、项目监理部、施工单位的项目经理部等。组织有正式组织与非正式组织。

组织具有目的性、整体性和开放性等主要特征。组织的目的是为了实现目标,因此具有目的性;实现目标需要协作配合,因此具有整体性;为了实现目标,组织需要与外部环境交换信息,因此具有开放性。

二、组织设计原则

适应目标实现的组织才是合理有效的组织,为此,在进行组织设计时,应在考虑下列原则的基础上,对组织进行合理安排。

(1)目标至上原则。组织是为实现目标而设立的。任何组织设计工作必须服从和服务于组织目标的实现。这是首要原则。

(2)适度管理层次与管理跨度原则。管理者向下管理的层级是管理层次,如处、科、组即是三个管理层次。在一个层次中,管理者管理的数量则是管理跨度,如一个处长管理 5 个科室,或一个组长管理 7 名组员。管理层次多会造成指令传递路径长;管理跨度大会对有效领导产生影响。因此,应根据组织的情况适度确定管理层次和管理跨度,应适应组织的需要。

(3)统一指挥原则。无论什么工作,一个下级只能接受一个上级的指挥,如果两个或者两个以上领导人同时对一个下级或一件工作行使权力,就会可能出现混乱局面,不利于组织目标的实现。

(4)责权对待原则。组织中的管理者所拥有的权力应当与其所承担的责任相适应。有权无责会造成管理者权力滥用;无权有责则会使管理者无法完成责任。管理者承担了责任,必须赋予其完成责任所必需的权利。责任和权力要匹配协调。

(5)分工协作原则。为完成组织目标所进行的工作,绝大多数情况都不是一个人能够完成的,因而就存在着合理分工与配合协作的问题。有效的分工协作能够对组织目标的实现起到促进作用,反之,则有可能阻碍组织目标的实现。

(6)执行与监督分离原则。把执行与监督分开是保证监督有效的必要条件,这样才能更有效地体现权力的监督与制约。组织设计过程中,将执行与监督在组织上分开,可避免二者在组织上一体化,防止执行与监督在利益上趋于一体化,从而使监督职能名存实亡。

(7)精简与效率原则。机构精简、人员精干,才能实现高效率,同时实现管理成本的下降。

三、组织基本类型

1. 直线制

直线制是一种最早也是最简单的组织形式。其特点是从上到下实行垂直领导,下属部门只接受一个上级的指令,各级主管负责人对所属单位的一切问题负责。直线制组织结构的优点是结构比较简单,责任分明,命令统一,联系简捷、决策迅速,隶属关系明确。缺点是它要求管理者通晓多种知识和技能，对管理者能力要求高，且权力相对集中容易造成集权。直线制组织形式只适用于规模较小，技术要求比较简单的组织中。项目监理部比较适合采用直线制组织形式。

直线制监理组织形式适用于能划分为若干个相对独立的子项目的大、中型建设工程。如图 2-1 所示，总监理工程师负责整个工程的规划、组织和指导，并负责整个工程范围内各方面的指挥协调工作；子项目监理机构分别负责各子项目的目标控制，具体领导现场专业或专项监理机构的工作。

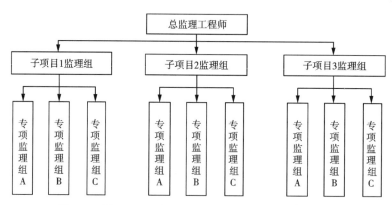

图 2-1 按子项目分解的直线制项目监理机构组织形式

如果建设单位将相关服务一并委托，项目监理机构的部门还可按不同的建设阶段分解设立直线制项目监理机构组织形式，如图 2-2 所示。

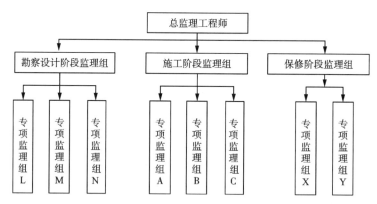

图 2-2 按工程建设阶段分解的直线制项目监理机构组织形式

对于小型建设工程，项目监理机构也可采用按专业内容分解的直线制组织形式，如图 2-3 所示。

2. 职能制

管理者把相应的管理职责和权力交给相关的职能部门，各职能部门有权在自己业务范围内向下级单位发出指令，下级单位除了接受上级管理者的指令，还必须接受上级各职能部门

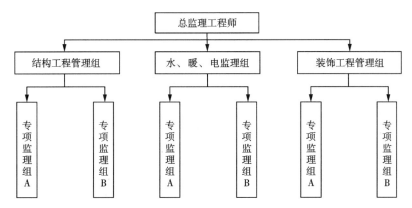

图 2-3　某房屋建筑工程直线制项目监理机构组织形式

的领导。职能制组织结构的优点是提高了管理的专业化程度，可以做到更加细致，减轻管理者的工作负担。缺点是容易造成令出多头，权责不清，会产生推诿扯皮现象。职能制组织形式更适用于专业化程度要求比较高的组织中。

职能制监理组织形式一般适用于大中型建设工程，如图 2-4 所示。如果子项目规模较大时，也可以在子项目层设置职能部门，如图 2-5 所示。

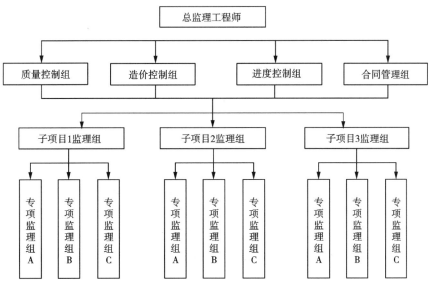

图 2-4　职能制项目监理机构组织形式

3. 直线职能制

直线职能制是在直线制和职能制的基础上，取长补短，吸取了直线制和职能制两种形式的优点而建立起来的，亦称为直线参谋制。目前，绝大多数企业都采用这种组织结构形式。这种组织结构形式是把管理机构和人员分为两类，一类是直线领导机构和人员，按命令统一原则对下级组织行使指挥权；另一类是职能机构和人员，按专业化原则，从事组织的各项职

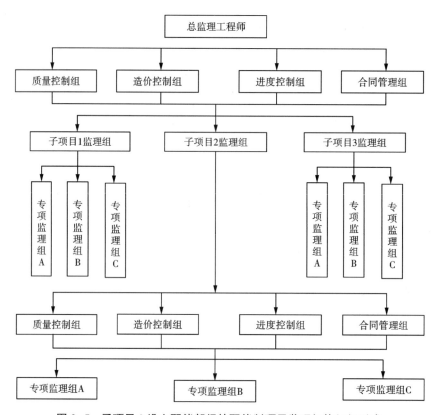

图 2-5　子项目 2 设立职能部门的职能制项目监理机构组织形式

能管理工作。直线领导机构和人员在自己的职责范围内有一定的决定权和对所属下级的指挥权，并对自己部门的工作负全部责任。职能机构和人员，则是直线指挥人员的参谋，不能对直接部门发号施令，只进行业务指导。

直线职能制的优点是吸收了直线制和职能制组织结构的长处，既保证了直线制的统一效果，又发挥了各职能部门和人员的专家作用，能够更好地发挥组织结构的效能。同时。由于职能部门和人员分担了大部分专业职能方面的工作，直线指挥人员就可以集中精力从事的组织指挥，搞好经营决策。这种组织结构便于严格遵守各自的职责，比较适应现代企业管理的要求。缺点是各专业分工的职能部门之间横向联系较差，容易产生工作脱节和矛盾，影响企业整体的管理效率，系统的灵敏性较差。直线职能制组织形式适用于中型规模的组织中，如图 2-6 所示。

4. 矩阵制

矩阵制是由职能部门系列和为完成某一临时任务而组建的项目小组系列组成，它的最大特点在于具有双道命令系统。矩阵制组织形式是在直线职能制垂直形态组织系统的基础上，再增加一种横向的领导系统。矩阵制的优点是加强了横向联系，配合更加密切，反映更加灵敏，有利于提高工作效率。缺点是双重领导，不易划分责任，临时任务造成成员的稳定感较差。矩阵制项目监理机构组织形式如图 2-7 所示。

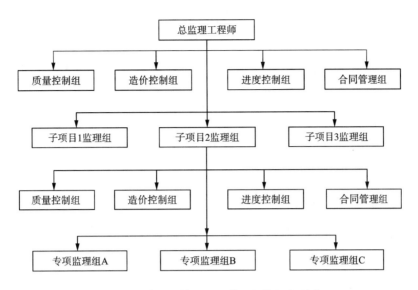

图 2-6　直线职能制项目监理机构组织形式

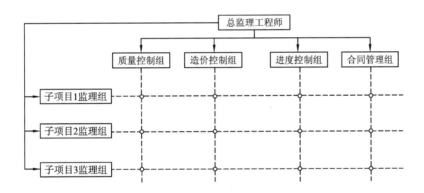

图 2-7　矩阵制项目监理机构组织形式

5. 事业部制

在总公司领导下设立多个事业部，各事业部有各自独立的产品或市场，在经营管理上有很强的自主性，实行独立核算，是一种分权式管理结构。事业部应具有三个基本要素：相对独立的市场、相对独立的利益、相对独立的自主权。其优点是责权利划分清晰明确。缺点是由于事业部的相对独立，对一些原本共性资源的利用不足，产生"内耗"。事业部制组织形式适用于大中型以上规模的组织中，更适用于特大型的，产品可以相对独立的组织中。事业部制组织结构如图 2-8 所示。

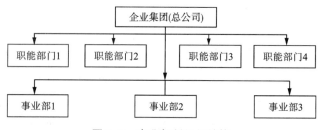

图 2-8　事业部制组织结构

2.3.2　建设工程监理模式

建设工程监理委托方式的选择与建设工程组织管理模式密切相关。建设工程可采用平行承发包、施工总承包、工程总承包等组织管理模式，在不同建设工程组织管理模式下，可选择不同的建设工程监理委托方式。

一、平行承发包模式下工程监理委托方式

平行承发包模式是指建设单位将建设工程设计、施工及材料设备采购任务分解后分别发包给若干设计单位、施工单位和材料设备供应单位，并分别与各承包单位签订合同的组织管理模式。平行承发包模式中，各设计单位、各施工单位、各材料设备供应单位之间的关系是平行关系，如图 2-9 所示。

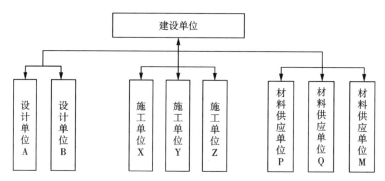

图 2-9　建设工程平行承发包模式

采用平行承发包模式，各承包单位在其承包范围内同时进行相关工作，既有利于缩短工期、控制质量，也有利于建设单位在更广泛范围内选择施工单位。但该模式的缺点是合同数量多，会造成合同管理困难；工程造价控制难度大，表现如下：一是工程总价不易确定，影响工程造价控制的实施；二是工程招标任务量大，需控制多项合同价格，增加了工程造价控制难度；三是在施工过程中设计变更和修改较多，导致工程造价增加。在建设工程平行承发包模式下，建设工程监理委托方式有以下几种主要形式：

1. 业主委托一家工程监理单位实施监理

这种委托方式要求被委托的工程监理单位应具有较强的合同管理与组织协调能力，并能做好全面规划工作。工程监理单位的项目监理机构可以组建多个监理分支机构对各施工单位分别实施监理。在建设工程监理过程中，总监理工程师应重点做好总体协调工作，加强横向联系，保证建设工程监理工作的有效运行。该委托方式如图 2-10 所示。

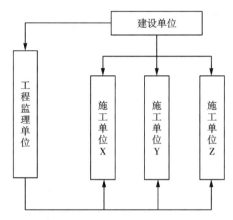

**图 2-10　平行承发包模式下委托一家
工程监理单位的组织方式**

2. 建设单位委托多家工程监理单位实施监理

建设单位委托多家工程监理单位针对不同施工单位实施监理，需要分别与多家工程监理单位签订建设工程监理合同，这样，各工程监理单位之间的相互协作与配合需要建设单位进行协调。采用这种委托方式，工程监理单位的监理对象相对单一，便于管理，但建设工程监理工作被肢解，各家工程监理单位各负其责，缺少一个对建设工程进行总体规划与协调控制的工程监理单位，这方面的工作就需要建设单位承担。该委托方式如图 2-11 所示。

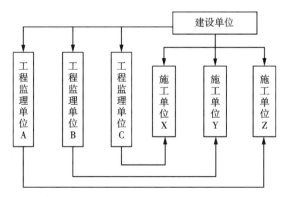

图 2-11　平行承发包模式下委托多家工程监理单位的组织方式

3. 建设单位委托"总监理工程师单位"模式

为了克服上述不足，在某些大、中型建设工程监理实践中，建设单位首先委托一个"总监理工程师单位"，总体负责建设工程总规划和协调控制，再由建设单位与"总监理工程师单位"共同选择几家工程监理单位分别承担不同施工合同段的监理任务。在建设工程监理工作中，由"总监理工程师单位"负责协调、管理各工程监理单位工作，从而可大大减轻建设单位的管理压力。该委托方式如图 2-12 所示。

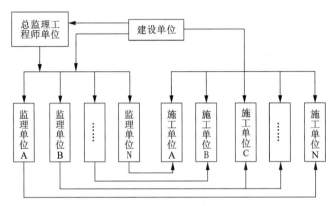

图 2-12 平行承发包模式下委托"总监理工程师单位"的组织方式

二、施工总承包模式下建设工程监理委托方式

施工总承包模式是指建设单位将全部施工任务发包给一家施工单位作为总承包单位，总承包单位可以将其部分施工任务分包给其他施工单位，形成一个施工总包合同及若干个分包合同的组织管理模式，如图 2-13 所示。

采用建设工程施工总承包模式，有利于建设工程的组织管理。由于施工合同数量比平行承发包模式更少，有利于建设单位的合同管理，减少协调工作量，可发挥工程监理单位与施工总承包单位多层次协调的积极性；总包合同价可较早确定，有利于控制工程造价；由于既有施工分包单位的自控，又有施工总承包单位的监督，还有工程监理单位的检查认可，有利于工程质量控制；施工总承包单位具有控制的积极性，施工分包单位之间也有相互制约的作用，有利于总体进度的协调控制。但该模式的缺点是建设周期较长；施工总承包单位的报价可能较高。

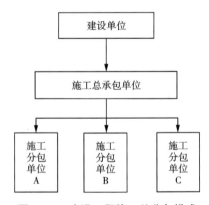

图 2-13 建设工程施工总分包模式

在建设工程施工总承包模式下，建设单位通常应委托一家工程监理单位实施监理，这样有利于工程监理单位统筹考虑工程质量、投资、进度控制，合理进行总体规划协调，更可使监理工程师掌握设计思路与设计意图，有利于实施建设工程监理工作。虽然施工总承包单位

对施工合同承担承包方的最终责任，但分包单位的资格、能力直接影响工程质量、进度等目标的实现，因此，监理工程师必须做好对分包单位资格的审查、确认工作。在建设工程施工总承包模式下，建设单位委托监理方式如图 2-14 所示。

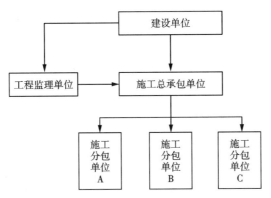

图 2-14　施工总承包模式下委托工程监理单位的组织方式

2.3.2　工程总承包模式下建设工程监理委托方式

工程总承包模式是指建设单位将工程设计、施工、材料设备采购等工作全部发包给一家承包单位，由其进行实质性设计、施工和采购工作，最后向建设单位交出一个已达到使用条件的工程。按这种模式发包的工程也称"交钥匙工程"。工程总承包模式如图 2-15 所示。

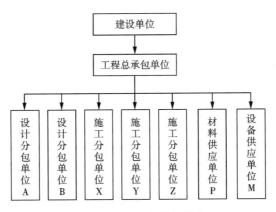

图 2-15　工程总承包模式

采用建设工程总承包模式，建设单位的合同关系简单，组织协调工作量小。由于工程设计与施工由一个承包单位统筹安排，一般能做到工程设计与施工的相互搭接，有利于控制工程进度，可缩短建设周期。通过统筹考虑工程设计与施工，可以从价值工程或全寿命期费用角度取得明显的经济效果，有利于工程造价控制。但该模式的缺点是合同条款不易准确确定，容易造成合同争议。合同数量虽少，但合同管理难度一般较大，造成招标发包工作难度大；由于承包范围大，介入工程项目时间早，工程信息未知数多，工程总承包单位要承担较大风险；由于有工程总承包能力的单位数量相对较少，建设单位择优选择工程总承包单位的范围小；工程质量标准和功能要求不易做到全面、具体、准确，"他人控制"机制薄弱，使工程质量控制难度加大。在工程总承包模式下，建设单位一般应委托一家工程监理单位实施监理。在该委托方式下，监理工程师需具备较全面的知识，做好合同管理工作。该委托方式如图 2-16 所示。

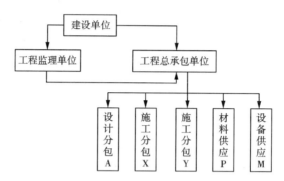

图 2-16　工程总承包模式下委托工程监理单位的组织方式

2.3.3　建设工程监理实施程序

1. 组建项目监理机构

工程监理单位在参与建设工程监理投标、承接建设工程监理任务时，应根据建设工程规模、性质，建设单位对建设工程监理的要求，选派称职的监理工程师主持该项工作。在建设工程监理任务确定并签订建设工程监理合同时，该主持人即可作为总监理工程师在建设工程监理合同中予以明确。总监理工程师是一个建设工程项目监理工作的总负责人，他对内向工程监理单位负责，对外向建设单位负责。

项目监理机构人员构成是建设工程委托监理投标文件中的重要内容，是建设单位在评标过程中认可的。总监理工程师应根据监理大纲和签订的建设工程监理合同组建项目监理机构，并在监理规划和具体实施计划执行中进行适时调整。

2. 进一步收集建设工程监理有关资料

项目监理机构应收集建设工程监理有关资料，作为开展建设工程监理工作的依据。这些资料如下：

(1) 反映工程项目特征的有关资料。主要包括工程项目的批文，规划部门关于规划红线范围和设计条件的通知，土地管理部门关于准予用地的批文，批准的工程项目可行性研究报告或设计任务书，工程项目地形图，工程勘察成果文件，工程设计图纸及有关说明等。

(2) 反映当地工程建设政策、法规的有关资料。主要包括关于工程建设报建程序的有关规定，当地关于拆迁工作的有关规定，当地有关建设工程监理的有关规定，当地关于工程建设招标投标的有关规定，当地关于工程造价管理的有关规定等。

(3) 反映工程所在地区经济状况等建设条件的资料。主要包括气象资料，工程地质及水文地质资料，与交通运输(包括铁路、公路、航运)有关的可提供的能力、时间及价格等的资料,与供水、供电、供热、供燃气、电信有关的可提供的容(用)量、价格等的资料,勘察设计单位状况,土建、安装施工单位状况,建筑材料及构件、半成品的生产、供应情况,进口设备及材料的到货口岸、运输方式等。

(4)类似工程项目建设情况的有关资料。主要包括类似建设工程项目投资方面的有关资料,类似工程、项目建设工期方面的有关资料,类似工程项目的其他技术经济指标等。

3. 编制监理规划及监理实施细则

监理规划是项目监理机构全面开展建设工程监理工作的指导性文件。监理实施细则是在监理规划的基础上,根据有关规定、监理工作需要,针对某一专业或某一方面建设工程监理工作而编制的操作性文件。关于监理规划及监理实施细则的编制、审批等详见本书第四章第4.2、4.3 节内容。

4. 规范化地开展监理工作

项目监理机构应按照建设工程监理合同约定,依据监理规划及监理实施细则规范化地开展建设工程监理工作。建设工程监理工作的规范化体现在以下几个方面:

(1)工作的时序性。是指建设工程监理各项工作都应按一定的逻辑顺序展开,使建设工程监理工作能有效地达到目的而不致造成工作状态的无序和混乱。

(2)职责分工的严密性。建设工程监理工作是由不同专业、不同层次的专家群体共同来完成的,他们之间严密的职责分工是协调进行建设工程监理工作的前提和实现建设工程监理目标的重要保证。

(3)工作目标的确定性。在职责分工的基础上,每一项建设监理工作的具体目标都应确定,完成的时间也应有明确的限定,从而能通过书面资料对建设工程监理工作及其效果进行检查和考核。

5. 参与工程竣工验收

建设工程施工完成后,项目监理机构应在正式验收前组织工程竣工预验收。在预验收中发现的问题,应及时与施工单位沟通,提出整改要求并督促施工单位及时进行整改,整改完成达到验收条件后,施工单位才能向建设单位申请竣工验收。总监理工程师及项目监理机构人员应参加由建设单位组织的工程竣工验收,总监理工程师签署工程监理意见。

6. 向建设单位提交建设工程监理文件资料

建设工程监理工作完成后,项目监理机构应向建设单位提交当地档案管理部门要求提交的和建设单位特别要求提交的监理文件资料。监理文件资料的组卷应符合当地档案管理部门的要求。

7. 进行监理工作总结

监理工作完成后,项目监理机构应及时从两方面进行监理工作总结。

(1)向建设单位提交的监理工作总结。主要内容包括建设工程监理合同履行情况概述,监理任务或监理目标完成情况评价,由建设单位提供的供项目监理机构使用的办公用房、车辆、试验设施等的清单,表明建设工程监理工作终结的说明等。

(2)向工程监理单位提交的监理工作总结。主要内容包括建设工程监理工作的成效和经验,可以是采用某种监理技术、方法的成效和经验,也可以是采用某种经济措施、组织措施的成效和经验,以及建设工程监理合同执行方面的成效和经验或如何处理好与建设单位、施工单位关系的经验等;建设工程监理工作中发现的问题、处理情况及改进建议。

2.3.4 建设工程项目监理机构

建设工程项目监理机构是建设工程监理单位实施监理时，派驻施工工地负责履行建设工程监理合同的组织机构。建设工程项目监理机构的组织结构模式和规模，可根据建设工程监理合同约定的服务内容、服务期限以及工程特点、规模、技术复杂程度、环境等因素确定。在施工现场监理工作全部完成或建设工程监理合同终止时，项目监理机构可撤离施工现场。撤离施工现场前，应由建设工程监理单位书面通知建设单位，并办理相关移交手续。

一、项目监理机构的设立

1. 项目监理机构设立的基本要求

（1）项目监理机构设立应遵循适应、精简、高效的原则，要有利于建设工程监理目标控制和合同管理，要有利于建设工程监理职责的划分和监理人员的分工协作，要有利于建设工程监理的科学决策和信息沟通。

（2）项目监理机构的监理人员应由一名总监理工程师、若干名专业监理工程师和监理员组成，且专业配套，人员数量应满足建设监理工作和建设工程监理合同对监理工作深度及建设工程监理目标控制的要求，必要时可设总监理工程师代表。项目监理机构可设置总监理工程师代表的情形如下：

1）工程规模较大，专业较复杂，总监理工程师难以处理多个专业工程时，可按专业设总监理工程师代表。

2）一个建设工程监理合同中包含多个相对独立的施工合同，可按施工合同段设总监理工程师代表。

3）工程规模较大，地域比较分散，可按工程地域设置总监理工程师代表。

除总监理工程师、专业监理工程师和监理员外，项目监理机构还可根据建设监理工作需要配备文秘、翻译、司机或其他行政辅助人员。

（3）一名注册监理工程师可担任一项建设工程监理合同的总监理工程师。当其需要同时担任多项建设工程监理合同的总监理工程师时，应经建设单位书面同意，且最多不得超过三项。

（4）工程监理单位更换、调整项目监理机构监理人员，应做好交接工作，保持建设工程监理工作的连续性。工程监理单位调换总监理工程师，应征得建设单位书面同意；调换专业监理工程师时，总监理工程师应书面通知建设单位。

2. 项目监理机构设立的步骤

工程监理单位在组建项目监理机构时，一般按以下步骤进行：

（1）确定项目监理机构目标。

建设工程监理目标是项目监理机构建立的前提，项目监理机构的建立应根据建设工程监理合同中确定的目标，制定总目标并明确划分项目监理机构的分解目标。

（2）确定监理工作内容。

根据建设监理目标和建设工程监理合同中规定的监理任务，明确列出监理工作内容，并进行分类归并及组合。监理工作的归并及组合应便于监理目标控制，并综合考虑工程组织管理模式、工程结构特点、合同工期要求、工程复杂程度、工程管理及技术特点，还应考虑工程监理单位自身组织管理水平、监理人员数量、技术业务特点等。

（3）项目监理机构组织结构设计。

1）选择组织结构形式。由于建设工程规模、性质等的不同，应选择适宜的组织结构形式设计项目监理机构组织结构，以适应建设监理工作需要。组织结构形式选择的基本原则是有利于工程合同管理，有利于监理目标控制，有利于决策指挥，有利于信息沟通。

2）合理确定管理层次与管理跨度。管理层次是指组织的最高管理者到最基层实际工作人员之间等级层次的数量。管理层次可分为三个层次，即决策层、中间控制层和操作层。组织最高管理者到最基层实际工作人员的权责逐层递减，而人数却逐层递增。

项目监理机构中的三个层次：

①决策层。主要是指总监理工程师、总监理工程师代表，他们根据建设工程监理合同的要求和监理活动内容进行科学化、程序化决策与管理；

②中间控制层（协调层）和执行层由各专业监理工程师组成，他们具体负责监理规划的落实，监理目标控制及合同实施的管理；

③操作层。主要由监理员组成，他们具体负责监理活动的操作实施。

管理跨度是指一名上级管理人员所直接管理的下级人数。管理跨度越大，领导者需要协调的工作量越大，管理难度也越大。为使组织结构能高效运行，必须确定合理的管理跨度。项目监理机构中管理跨度的确定应考虑监理人员的素质、管理活动的复杂性和相似性、监理业务的标准化程度、各规章制度的建立健全情况、建设工程的集中或分散情况等。

3）划分项目监理机构部门。组织中各部门的合理划分对发挥组织效用是十分重要的。如果部门划分不合理，会造成控制、协调困难，也会造成人浮于事，浪费人力、物力、财力。管理部门的划分要根据组织目标与工作内容确定，形成既有相互分工又有相互配合的组织机构。划分项目监理机构中各职能部门时，应根据项目监理机构目标、项目监理机构可利用的人力和物力资源以及合同结构情况，将质量控制、投资控制、进度控制、合同管理、信息管理、安全生产管理、组织协调等监理工作内容按不同的职能活动形成相应的管理部门。

4）制定岗位职责及考核标准。岗位职务及职责的确定，要有明确的目的性，不可因人设事。根据权责一致的原则，应进行适当授权，以承担相应的职责，并应确定考核标准，对监理人员的工作进行定期考核，包括考核内容、考核标准及考核时间。总监理工程师和专业监理工程师岗位职责考核标准分别如表 2-5 和表 2-6 所示。

5）选派监理人员。根据建设工程监理工作任务，选择适当的监理人员，必要时可配备总监理工程师代表。监理人员的选择除应考虑个人素质外，还应考虑人员总体构成的合理性与协调性。

《建设工程监理规范》（GB/T 50319—2013）规定，总监理工程师由注册监理工程师担任；总监理工程师代表由工程类注册执业资格的人员（如注册监理工程师、注册造价工程师、注册建造师、注册结构工程师、注册建筑师等）担任，也可由具有中级及以上专业技术职称、3年及以上工程实践经验并经监理业务培训的人员担任；专业监理工程师由工程类注册执业资格的人员担任，也可由具有中级及以上专业技术职称、2年及以上工程实践经验并经监理业务培训的人员担任；监理员由具有中专及以上学历并经过监理业务培训的人员担任。

（4）制定工作流程和信息流程

为了科学、有序地进行建设工程监理工作，应按建设工程监理工作的客观规律制定工作流程和信息流程，规范化地开展监理工作。建设工程监理工作程序如图 2-17 所示。

表 2-5　总监理工程师岗位职责标准

项目	职责内容	考核要求	
		标准	时间
工作目标	1.质量控制	符合质量控制计划目标	工程各阶段末
	2.造价控制	符合造价控制计划目标	每月(季)末
	3.进度控制	符合合同工期及总进度控制计划目标	每月(季)末
基本职责	1.根据监理合同,建立和有效管理项目监理机构	1.项目监理组织机构科学合理 2.项目监理机构有效运行	每月(季)末
	2.组织编制与组织实施监理规划;审批监理实施细则	1.对建设工程监理工作系统策划 2.监理实施细则符合监理规划要求,具有可操作性	编写和审核完成后
	3.审查分包单位资格	符合合同要求	规定时限内
	4.监督和指导专业监理工程师对质量、造价、进度进行控制;审核、签发有关文件资料;处理有关事项	1.监理工作处于正常工作状态 2.工程处于受控状态	每月(季)末
	5.做好监理过程中有关各方的协调工作	工程处于受控状态	每月(季)末
	6.组织整理监理文件资料	及时、准确、完整	按合同约定

表 2-6　专业监理工程师岗位职责标准

项目	职责内容	考核要求	
		标准	时间
工作目标	1.质量控制	符合质量控制分解目标	工程各阶段末
	2.造价控制	符合投资控制分解目标	每周(月)末
	3.进度控制	符合合同工期及总进度控制分解目标	每周(月)末
基本职责	1.熟悉工程情况,负责编制本专业监理工作计划和监理实施细则	反映专业特点,具有可操作性	实施前 1 个月
	2.具体负责本专业的监理工作	1.建设工程监理工作有序 2.工程处于受控状态	每周(月)末
	3.做好项目监理机构内各部门之间监理任务的衔接、配合工作	监理工作各负其责,相互配合	每周(月)末
	4.处理与本专业有关的问题;对质量、造价、进度有重大影响的监理问题应及时报告总监理工程师	1.工程处于受控状态 2.及时、真实	每周(月)末
	5.负责与本专业有关的签证、通知、备忘录,及时向总监理工程师提交报告、报表资料等	及时、真实、准确	每周(月)末
	6.收集、汇总、整理本专业的监理文件资料	及时、准确、完整	每周(月)末

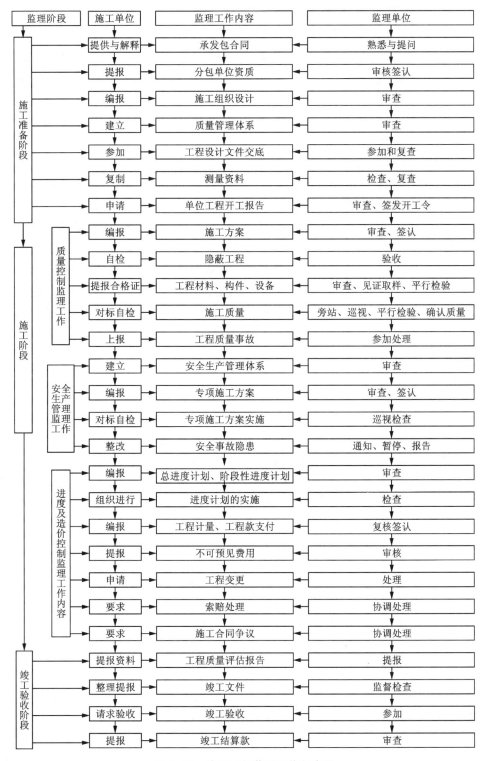

监理阶段	施工单位	监理工作内容	监理单位
施工准备阶段	提供与解释	承发包合同	熟悉与提问
	提报	分包单位资质	审核签认
	编报	施工组织设计	审查
	建立	质量管理体系	审查
	参加	工程设计文件交底	参加和复查
	复制	测量资料	检查、复查
	申请	单位工程开工报告	审查、签发开工令
施工阶段 / 质量控制监理工作	编报	施工方案	审查、签认
	自检	隐蔽工程	验收
	提报合格证	工程材料、构件、设备	审查、见证取样、平行检验
	对标自检	施工质量	旁站、巡视、平行检验、确认质量
	上报	工程质量事故	参加处理
安全生产管理监理工作	建立	安全生产管理体系	审查
	编报	专项施工方案	审查、签认
	对标自检	专项施工方案实施	巡视检查
	整改	安全事故隐患	通知、暂停、报告
进度及造价控制监理工作内容	编报	总进度计划、阶段性进度计划	审查
	组织进行	进度计划的实施	检查
	编报	工程计量、工程款支付	复核签认
	提报	不可预见费用	审核
	申请	工程变更	处理
	要求	索赔处理	协调处理
	要求	施工合同争议	协调处理
竣工验收阶段	提报资料	工程质量评估报告	提报
	整理提报	竣工文件	监督检查
	请求验收	竣工验收	参加
	提报	竣工结算款	审查

图 2-17　建设工程监理工作程序图

2.3.5 项目监理机构人员配备与职责分工

一、项目监理机构人员配备

项目监理机构中配备监理人员的数量和专业应根据监理的任务范围、内容、工作期限以及工程的类别、规模、技术复杂程度、工程环境等因素综合考虑，并应符合建设工程监理合同中对建设监理工作深度及建设工程监理目标控制的要求，能体现项目监理机构的整体素质。

1.项目监理机构的人员结构

项目监理机构应具有合理的人员结构，包括以下两方面：

（1）合理的专业结构。项目监理机构应由与所监理工程的性质（专业性强的生产项目或是民用项目）及建设单位对建设工程监理的要求（是否包含相关服务内容，是工程质量、投资、进度的多目标控制或是某一目标的控制）相适应的各专业人员组成，即各专业人员要配套，以满足建设项目各专业监理工作要求。通常，项目监理机构应具备与所承担的监理任务相适应的专业人员。但当监理的工程局部有特殊性或建设单位提出某些特殊监理要求而需要采用某种特殊监控手段时，如局部的钢结构、网架、球罐体等质量监控需采用无损探伤、X光及超声探测，水下及地下混凝土桩需要采用遥测仪器探测等，此时，可将这些局部专业性强的监控工作另行委托给具有相应资质的检测机构来承担，这也应视为保证了监理人员合理的专业结构。

（2）合理的技术职称结构。为了提高管理效率和经济性，应根据建设工程的特点和建设工程监理工作需要，确定项目监理机构中监理人员的技术职称结构。合理的技术职称结构表现为监理人员的高级职称、中级职称和初级职称的比例与建设监理工作要求相适应。通常，工程勘察设计阶段的服务，对人员职称要求更高，具有高级职称及中级职称的监理人员在整个监理人员构成中应占绝大多数。施工阶段监理，可由较多的初级职称监理人员从事实际操作工作，如旁站、见证取样、检查工序施工结果、复核工程计量有关数据等，高中级职称监理人员更多地从事技术把关和技术控制以及组织协调工作。

这里所称的初级职称是指助理工程师、助理经济师、技术员等，也包括具有相应能力的实践经验丰富的工人（应能看懂图纸、正确填报有关原始凭证）。

施工阶段项目监理机构监理人员应具有的技术职称结构如表2-7所示。

表2-7 施工阶段项目监理机构监理人员应具有的技术职称结构

层次	人员	职能	职称要求		
决策层	总监理工程师、总监理工程师代表、专业监理工程师	项目监理的策划、规划、组织、协调、控制、评价等	高级职称	中级职称	初级职称
执行层/协调层	专业监理工程师	项目监理实施的具体组织、指挥、控制、协调			
作业层/操作层	监理员	具体监理业务的执行			

2. 项目监理机构监理人员数量的确定

(1)影响项目监理机构人员数量的主要因素,主要包括以下几个方面:

1)工程建设强度。工程建设强度是指单位时间内投入的建设工程资金的数量,即

$$工程建设强度=投资/工期$$

其中,投资和工期是指监理单位所承担监理任务的工程的建设投资和工期。投资可按工程概算投资额或合同价计算,工期可根据进度总目标及其分目标计算。显然,工程建设强度越大,需投入的监理人数越多。

2)建设工程复杂程度。通常,工程复杂程度涉及以下因素:设计活动、工程地点位置、气候条件、地形条件、工程地质、工程性质、工程结构类型、施工方法、工期要求、材料供应、工程分散程度等。根据上述各项因素,可将工程分为若干工程复杂程度等级,不同等级的工程需要配备的监理人员数量有所不同。例如,可将工程复杂程度按五级划分:简单、一般、较复杂、复杂、很复杂。工程复杂程度定级可采用定量办法:对构成工程复杂程度的每一因素通过专家评估,根据工程实际情况给出相应权重,将各影响因素的评分加权平均后根据其值的大小确定该工程的复杂程度等级。例如,将工程复杂程度按 10 分制考虑,则平均分值 1～3 分、3～5 分、5～7 分、7～9 分者依次为简单工程、一般工程、较复杂工程和复杂工程,9 分以上为很复杂工程。显然,简单工程需要的监理人员较少,而复杂工程需要的项目监理人员较多。

3)工程监理单位的业务水平。每个工程监理单位的业务水平和对某类工程的熟悉程度不完全相同,在监理人员素质、管理水平和监理设备手段等方面也存在差异,这都会直接影响到监理效率的高低。高水平的监理单位可以投入较少的监理人力完成一个建设工程的监理工作,而一个经验不多或管理水平不高的监理单位则需投入较多监理人力。因此,各监理单位应当根据自己的实际情况制定监理人员需要量定额。

4)项目监理机构的组织结构和任务职能分工。项目监理机构的组织结构情况关系到具体的监理人员配备,务必使项目监理机构任务职能分工的要求得到满足。必要时,还需要根据项目监理机构的职能分工对监理人员的配备做进一步调整。有时,监理工作需要委托专业咨询机构或专业监测、检验机构进行,这种情况下则项目监理机构的监理人员数量可适当减少。

(2)项目监理机构人员数量的确定方法。

项目监理机构人员数量的确定方法可按如下步骤进行:

1)项目监理机构人员需要量定额。根据监理工作内容和工程复杂程度等级,测定、编制项目监理机构监理人员需要量定额,如表 2-8 所示。

表 2-8　监理人员需要量定额(人·年/百万元)

工程复杂程度	监理工程师	监理员	行政、文秘人员
简单工程	0.20	0.75	0.10
一般工程	0.25	1.00	0.10
较复杂工程	0.35	1.10	0.25
复杂工程	0.50	1.50	0.35
很复杂工程	>0.50	>1.50	>0.35

2)确定工程建设强度。根据所承担的监理工程,确定工程建设强度。例如:某工程分为2个子项目,合同总价为3900万元,其中子项目1合同价为2100万元,子项目2合同价为1800万元,合同工期为30个月。

$$工程建设强度 = 3900/30×12 = 1560(万元/年) = 15.6(百万元/年)$$

3)确定工程复杂程度。按构成工程复杂程度的10个因素考虑,根据工程实际情况分别按10分制打分。具体结果如表2-9所示。

表2-9 工程复杂程度等级评定表(单位:分)

项次	影响因素	子项目1	子项目2
1	设计活动	5	6
2	工程位置	9	5
3	气候条件	5	5
4	地形条件	7	5
5	工程地质	4	7
6	施工方法	4	6
7	工期要求	5	5
8	工程性质	6	6
9	材料供应	4	4
10	分散程度	5	5
平均分值		5.4	5.5

根据计算结果,此工程为较复杂工程。

4)根据工程复杂程度和工程建设强度套用监理人员需要量定额。从表2-8中可查到监理人员需要量如下:监理工程师为0.35人·年/百万元;监理员为1.1人·年/百万元;行政文秘人员为0.25人·年/百万元。

各类监理人员数量如下:

监理工程师:0.35×15.6=5.46人,按6人考虑;

监理员:1.10×15.6=17.16人,按17人考虑;

行政文秘人员:0.25×15.6=3.9人,按4人考虑。

5)根据实际情况确定监理人员数量。该工程项目监理机构直线制组织结构如图2-18所示。

根据项目监理机构情况决定每个部门各类监理人员如下:

监理总部(包括总监理工程师、总监理工程师代表和总监理工程师办公室):总监理工程师1人,总监理工程师代表1人,行政文秘人员2人。

子项目1监理组:专业监理工程师2人,监理员9人,行政文秘人员1人。

子项目2监理组:专业监理工程师2人,监理员8人,行政文秘人员1人。

项目监理机构监理人员数量和专业配备应随建设工程施工进展情况进行相应调整,从而满足不同阶段建设工程监理工作需要。

二、项目监理机构各类人员基本职责

根据《建设工程监理规范》(GB/T 50319—2013)，总监理工程师、总监理工程师代表、专业监理工程师和监理员应分别履行下列职责：

1. 总监理工程师职责

(1)确定项目监理机构人员及其岗位职责；

(2)组织编制监理规划，审批监理实施细则；

(3)根据工程进展及监理工作情况调配监理人员，检查监理人员工作；

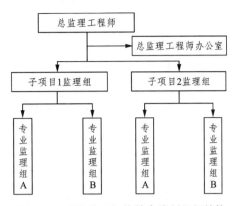

图 2-18　项目监理机构的直线制组织结构

(4)组织召开监理例会；

(5)组织审核分包单位资格；

(6)组织审查施工组织设计、(专项)施工方案；

(7)审查开复工报审表，签发工程开工令、暂停令和复工令；

(8)组织检查施工单位现场质量、安全生产管理体系的建立及运行情况；

(9)组织审核施工单位的付款申请，签发工程款支付证书，组织审核竣工结算；

(10)组织审查和处理工程变更；

(11)调解建设单位与施工单位的合同争议，处理工程索赔；

(12)组织验收分部工程，组织审查单位工程质量检验资料；

(13)审查施工单位的竣工申请，组织工程竣工预验收，组织编写工程质量评估报告，参与工程竣工验收；

(14)参与或配合工程质量安全事故的调查和处理；

(15)组织编写监理月报、监理工作总结，组织整理监理文件资料。

2. 总监理工程师代表职责

按总监理工程师的授权，负责总监理工程师指定或交办的监理工作，行使总监理工程师的部分职责和权力。但其中涉及工程质量、安全生产管理及工程索赔等重要职责不得委托给总监理工程师代表。具体而言，总监理工程师不得将下列工作委托给总监理工程师代表：

(1)组织编制监理规划，审批监理实施细则；

(2)根据工程进展及监理工作情况调配监理人员；

(3)组织审查施工组织设计、(专项)施工方案；

(4)签发工程开工令、暂停令和复工令；

(5)签发工程款支付证书，组织审核竣工结算；

(6)调解建设单位与施工单位的合同争议，处理工程索赔；

(7)审查施工单位的竣工申请，组织工程竣工预验收，组织编写工程质量评估报告，参与工程竣工验收；

(8)参与或配合工程质量安全事故的调查和处理。

3. 专业监理工程师职责

(1)参与编制监理规划，负责编制监理实施细则；

（2）审查施工单位提交的涉及本专业的报审文件，并向总监理工程师报告；

（3）参与审核分包单位资格；

（4）指导、检查监理员工作，定期向总监理工程师报告本专业监理工作实施情况；

（5）检查进场的工程材料、构配件、设备的质量；

（6）验收检验批、隐蔽工程、分项工程，参与验收分部工程；

（7）处置发现的质量问题和安全事故隐患；

（8）进行工程计量；

（9）参与工程变更的审查和处理；

（10）组织编写监理日志，参与编写监理月报；

（11）收集、汇总、参与整理监理文件资料；

（12）参与工程竣工预验收和竣工验收。

4. 监理员职责

（1）检查施工单位投入工程的人力、主要设备的使用及运行状况；

（2）进行见证取样；

（3）复核工程计量有关数据；

（4）检查工序施工结果；

（5）发现施工作业中的问题，及时指出并向专业监理工程师报告。

专业监理工程师和监理员的上述职责为其基本职责，在建设工程监理实施过程中，项目监理机构还应针对建设工程实际情况，明确各岗位专业监理工程师和监理员的职责分工。

2.3.6 建设工程监理的组织协调

建设工程监理目标的实现，需要监理工程师扎实的专业知识和对建设工程监理程序的有效执行。此外，还需要监理工程师有较强的组织协调能力。通过组织协调，能够使影响建设工程监理目标实现的各参建主体有机配合、协同一致，从而促进建设工程监理目标的实现。

一、项目监理机构组织协调内容

从系统工程角度看，项目监理机构组织协调内容可分为系统内部（项目监理机构）协调和系统外部协调两大类，系统外部协调又分为系统近外层协调和系统远外层协调。近外层和远外层的主要区别是，建设单位与近外层关联单位之间有合同关系，与远外层关联单位之间没有合同关系。

1. 项目监理机构内部的协调

（1）项目监理机构内部人际关系的协调。项目监理机构是由工程监理人员组成的工作体系，工作效率在很大程度上取决于人际关系的协调程度。总监理工程师应首先协调好人际关系，激励项目监理机构人员。

1）在人员安排上要量才录用。要根据项目监理机构中每个人的专长进行安排，做到人尽其才。工程监理人员的搭配要注意能力互补和性格互补，人员配置要尽可能少而精，避免力不胜任和忙闲不均。

2）在工作委任上要职责分明。对项目监理机构中的每一个岗位，都要明确岗位目标和责任，应通过职位分析，使管理职能不重不漏，做到事事有人管，人人有专责，同时明确岗位职权。

3)在绩效评价上要实事求是。要发扬民主作风,实事求是地评价工程监理人员工作绩效,以免人员无功自傲或有功受屈,使每个人热爱自己的工作,并对工作充满信心和希望。

4)在矛盾调解上要恰到好处。人员之间的矛盾总是存在的,一旦出现矛盾,就要进行调解,要多听取项目监理机构成员的意见和建议,及时沟通,使工程监理人员始终处于团结、和谐、热情高涨的工作氛围之中。

(2)项目监理机构内部组织关系的协调。项目监理机构是由若干部门(专业组)组成的工作体系,每个专业组都有自己的目标和任务。如果每个专业组都从建设工程整体利益出发,理解和履行自己的职责,则整个建设工程就会处于有序的良性状态,否则,整个系统便处于无序的紊乱状态,导致功能失调,效率下降。为此,应从以下几方面协调项目监理机构内部组织关系:

1)在目标分解的基础上设置组织机构,根据工程特点及建设工程监理合同约定的工作内容,设置相应的管理部门。

2)明确规定每个部门的目标、职责和权限,最好以规章制度形式作出明确规定。

3)事先约定各个部门在工作中的相互关系。工程建设中的许多工作是由多个部门共同完成的,其中有主办、牵头和协作、配合之分。事先约定,可避免误事、脱节等贻误工作现象的发生。

4)建立信息沟通制度。如采用工作例会、业务碰头会,发送会议纪要、工作流程图、信息传递卡等来沟通信息,这样有利于从局部了解全局,局部服从并适应全局需要。

5)及时消除工作中的矛盾或冲突。坚持民主作风,注意从心理学、行为科学角度激励各个成员的工作积极性;实行公开信息政策,让大家了解建设工程实施情况、遇到的问题或危机;经常性地指导工作,与项目监理机构成员一起商讨遇到的问题,多倾听他们的意见、建议,鼓励大家同舟共济。

(3)项目监理机构内部需求关系的协调。建设工程监理实施中有人员需求、检测试验设备需求等,而资源是有限的,因此,内部需求平衡至关重要。协调平衡需求关系需要从以下环节考虑:

1)对建设工程监理检测试验设备的平衡。建设工程监理开始实施时,要做好监理规划和监理实施细则的编写工作,合理配置建设工程监理资源,要注意期限的及时性、规格的明确性、数量的准确性、质量的规定性以及分配使用的合理性。

2)对工程监理人员的平衡。要抓住调度环节,注意各专业监理工程师的配合。建设工程监理人员的安排必须考虑到工程进展情况,根据工程实际进展安排建设工程监理人员进退场计划,以保证建设工程监理目标的实现。

2.项目监理机构与建设单位的协调

建设工程监理实践证明,项目监理机构与建设单位组织协调关系的好坏,在很大程度上决定了建设工程监理目标能否顺利实现。

我国长期计划经济体制的惯性思维,使得多数建设单位合同意识差、工作随意性大,主要体现在:一是沿袭计划经济时期的基建管理模式,搞"大业主、小监理",建设单位的工程建设管理人员有时比工程监理人员多,或者由于建设单位的管理层次多,对建设工程监理工作干涉多,并插手建设工程监理人员的具体工作;二是不能将合同中约定的权力交给建设工程监理单位,致使监理工程师有职无权,不能充分发挥作用;三是科学管理意识差,随意压缩工期、压低造价，工程实施过程中变更多或不能按时履行职责，给建设工程监理工作带来困难。因此，与建设单位的协调是建设工程监理工作的重点和难点。监理工程师应从以下几方面加强与建设单位的协调：

（1）监理工程师首先要理解建设工程总目标和建设单位的意图。对于未能参加工程项目决策过程的监理工程师，必须了解项目构思的基础、起因、出发点，否则，可能会对建设工程监理目标及任务有不完整、不准确的理解，从而给监理工作造成困难。

（2）利用工作之便做好建设工程监理宣传工作，增进建设单位对建设工程监理的理解，特别是对建设工程管理各方职责及监理程序的理解；主动帮助建设单位处理工程建设中的事务性工作，以自己规范化、标准化、制度化的工作去影响和促进双方工作的协调一致。

（3）尊重建设单位，让建设单位一起投入工程建设全过程。尽管有预定目标，但建设工程实施必须执行建设单位指令，使建设单位满意。对建设单位提出的某些不适当要求，只要不属于原则问题，都可先执行，然后在适当时机、采取适当方式加以说明或解释；对于原则性问题，可采取书面报告等方式说明原委，尽量避免发生误解，以使建设工程顺利实施。

3. 项目监理机构与施工单位的协调

监理工程师对工程质量、投资、进度目标的控制，以及履行建设工程安全生产管理的法定职责，都是通过施工单位的工作来实现的，因此，做好与施工单位的协调工作，是监理工程师组织协调工作的重要内容。

（1）与施工单位的协调应注意以下问题：

1）坚持原则，实事求是，严格按规范、规程办事，讲究科学态度。监理工程师应强调各方面利益的一致性和建设工程总目标；应鼓励施工单位向其汇报建设工程实施状况、实施结果和遇到的困难和意见，以寻求对建设工程目标控制的有效解决办法。双方了解得越多越深刻，建设工程监理工作中的对抗和争执就越少。

2）协调不仅是方法、技术问题，更多的是语言艺术、感情交流和用权适度问题。有时尽管协调意见是正确的，但由于方式或表达不妥，反而会激化矛盾。高超的协调能力则往往能起到事半功倍的效果，令各方面都满意。

（2）与施工单位的协调工作内容主要如下：

1）与施工单位项目经理关系的协调。施工单位项目经理及工地工程师最希望监理工程师能够公平、通情达理，指令明确而不含糊，并且能及时答复所询问的问题。监理工程师既要懂得坚持原则，又应善于理解施工单位项目经理的意见，工作方法灵活，能够随时提出或愿意接受变通办法解决问题。

2）施工进度和质量问题的协调。由于工程施工进度和质量的影响因素错综复杂，所以施工进度和质量问题的协调工作也十分复杂。监理工程师应采用科学的进度和质量控制方法，设计合理的奖罚机制及组织现场协调会议等方式协调工程施工进度和质量问题。

3）对施工单位违约行为的处理。在工程施工过程中，监理工程师对施工单位的某些违约行为进行处理是一件需要慎重而又难免的事情。当发现施工单位采用不适当的方法进行施工，或采用不符合质量要求的材料时，监理工程师除应立即制止外，还需要采取相应的处理措施。遇到这种情况，监理工程师需要在其权限范围内采用恰当的方式及时做出协调处理。

4）施工合同争议的协调。对于工程施工合同争议，监理工程师应首先采用协商解决方式，协调建设单位与施工单位的关系。协商不成时，才由合同当事人申请调解，甚至申请仲裁或诉讼。遇到非常棘手的合同争议时，不妨暂时搁置、等待时机，另谋良策。

　　5) 对分包单位的管理。监理工程师虽然不直接与分包合同发生关系，但可对分包合同中的工程质量、进度进行直接跟踪监控，然后通过总承包单位进行调控、纠偏。分包单位在施工中发生的问题，由总承包单位负责协调处理。分包合同履行中发生的索赔问题，一般应由总承包单位负责，涉及总包合同中建设单位的义务和责任时，由总承包单位通过项目监理机构向建设单位提出索赔，由项目监理机构进行协调。

　　4. 项目监理机构与设计单位的协调

　　工程监理单位与设计单位都是受建设单位委托进行工作的，两者之间没有合同关系，因此，项目监理机构与设计单位的交流工作需要建设单位的支持。

　　(1) 真诚尊重设计单位的意见，在设计交底和图纸会审时，要理解和掌握设计意图、技术要求、施工难点等，将标准过高、设计遗漏、图纸差错等问题解决在施工之前。进行结构工程验收、专业工程验收、竣工验收等工作，要约请设计单位代表参加。发生质量事故时，要认真听取设计单位的处理意见等。

　　(2) 施工中发现设计问题，应及时按工作程序通过建设单位向设计单位提出，以免造成更大的直接损失。监理单位掌握比原设计更先进的新技术、新工艺、新材料、新结构、新设备时，可主动通过建设单位与设计单位沟通。

　　(3) 注意信息传递的及时性和程序性。监理工作联系单、工程变更单等要按规定的程序进行传递。

　　5. 项目监理机构与政府部门及其他单位的协调

　　建设工程实施过程中，政府部门、金融组织、社会团体、新闻媒介等也会起到一定的控制、监督、支持、帮助作用，如果这些关系协调不好，建设工程实施也可能严重受阻。

　　(1) 与政府部门的协调。包括与工程质量监督机构的交流和协调；建设工程合同备案；协助建设单位在征地、拆迁、移民等方面的工作争取得到政府有关部门的支持；现场消防设施的配置得到消防部门检查认可；现场环境污染防治得到环保部门认可等。

　　(2) 与社会团体、新闻媒介等的协调。建设单位和项目监理机构应把握机会，争取社会各界对建设工程的关心和支持。这是一种争取良好社会环境的远外层关系的协调，建设单位应起主导作用。如果建设单位确需将部分或全部远外层关系协调工作委托工程监理单位承担，则应在建设工程监理合同中明确委托的工作和相应报酬。

　　二、项目监理机构组织协调方法

　　项目监理机构可采用以下方法进行组织协调：

　　1. 会议协调法

　　会议协调法是建设工程监理中最常用的一种协调方法，包括第一次工地会议、监理例会、专题会议等。专题会议是由总监理工程师或其授权的专业监理工程师主持或参加的，为解决建设工程监理过程中的工程专项问题而不定期召开的会议。

　　2. 交谈协调法

　　在建设工程监理实践中，并不是所有问题都需要开会来解决，有时可采用交谈的方法进行协调。交谈包括面对面的交谈和电话、电子邮件等形式的交谈。无论是内部协调还是外部协调，交谈协调法的使用频率都是相当高的。由于交谈本身没有合同效力，而且具有方便、及时等特性，因此，工程参建各方之间及项目监理机构内部都愿意采用这一方法进行协调。

此外，相对于书面寻求协作而言，人们更难于拒绝面对面的请求。因此，采用交谈方式请求协作和帮助比采用书面方法实现的可能性要大。

3. 书面协调法

当会议或者交谈不方便或不需要时，或者需要精确地表达自己的意见时，就会采用书面协调的方法。书面协调法的特点是具有合同效力，一般常用于以下几方面：

(1)不需双方直接交流的书面报告、报表、指令和通知等；

(2)需要以书面形式向各方提供详细信息和情况通报的报告、信函和备忘录等；

(3)事后对会议记录、交谈内容或口头指令的书面确认。

组织协调是一种管理艺术和技巧，监理工程师尤其是总监理工程师需要掌握领导科学、心理学、行为科学方面的知识和技能，如激励、交际、表扬和批评的艺术、开会艺术、谈话艺术、谈判技巧等。只有这样，监理工程师才能进行有效的组织协调。

本章小结

本章主要介绍建设工程监理企业、人员与监理组织的主要内容。要求掌握注册监理工程师的概念，了解监理工程师执业资格考试与注册，熟悉监理工程师的责任，清楚监理工程师的素质与职业道德，理解建设工程监理企业的设立、分类与监理费用及建设工程监理组织等内容。

练习题

1. 什么样的组织是建设工程监理企业？

2. 建设工程监理企业设立的基本条件？

3. 简述建设工程监理企业的业务范围。

4. 建设工程监理企业经营活动准则是什么？

5. 注册监理工程师的概念。

6. 监理工程师的法律责任有哪些？

7. 监理工程师应具备什么样的素质？

8. 监理工程师的职业道德。

9. 简述建设工程监理的模式。

10. 项目监理机构设立的步骤是什么。

11. 项目监理机构组织协调的内容有哪些？

第 3 章　施工阶段监理工作

目前，我国主要是在建筑施工阶段广泛开展了建设工程监理工作。按照有关规定，达到了一定规模的建设工程项目，在施工阶段必须实施工程监理。

3.1　施工准备阶段监理工作

签订建设工程监理合同至建设工程正式开工前，监理单位为建设工程所做的监理工作，属于施工准备阶段的监理工作。

3.1.1　施工单位质量体系审查

施工单位在开工前应建立健全质量管理体系、技术管理体系和质量保证体系，并经总监理工程师审查，达到确保施工质量时予以签认。总监理工程师审查时，应按《建筑工程施工质量验收统一标准》(GB 50300—2013)表 A.0.1 所列内容逐项检查并核实。

3.1.2　设计交底与图纸会审

设计交底是在建设单位主持下，由设计单位向监理单位、施工单位以及建设单位进行的关于施工图文件的详细说明。其目的是使监理单位和施工单位正确贯彻设计意图，加深对设计文件特点、难点、疑点的理解，掌握关键工程部位的质量要求，确保工程质量。

图纸会审是在建设单位主持下，工程各参建单位(建设单位、监理单位、施工单位及其他相关单位)在收到设计院施工图设计文件后，对图纸进行全面细致的研究，审查出施工图中存在的问题及不合理情况并提交设计院进行处理的技术活动。图纸会审使各参建单位特别是施工单位熟悉设计图纸、领会设计意图、掌握工程特点及难点，找出需要解决的技术难题并拟定解决方案，从而将设计缺陷造成的问题消灭在施工之前。

实际工作中，设计交底与图纸会审通常合二为一，由建设单位主持召开设计交底与图纸会审会议。会议召开前，设计单位应就设计交底进行技术准备，监理单位和施工单位应提前研究施工图纸，汇总出需要解决的问题，以便在会议中提交给设计单位。设计交底与图纸会审会议中，参会各方提出各自需要解决和注意的问题，解答方现场进行解答，现场不方便解答的问题，会后应及时提出解决方案。设计交底与图纸会审会议必须整理出会议纪要，会议纪要通常由施工单位整理，会议中和会议后的解答结果都需要纳入会议纪要，参会的各方都要签字认可，会议纪要应分发给每一个参会单位。设计交底与图纸会审纪要是正式的施工文件。

表 A.0.1 施工现场质量管理检查记录

开工日期：

工程名称				施工许可证号		
建设单位				项目负责人		
设计单位				项目负责人		
监理单位				总监理工程师		
施工单位			项目负责人		项目技术负责人	
序号	项 目			主要内容		
1	项目部质量管理体系					
2	现场质量责任制					
3	主要专业工种操作岗位证书					
4	分包单位管理制度					
5	图纸会审记录					
6	地质勘查资料					
7	施工技术标准					
8	施工组织设计编制及审批					
9	物资采购管理制度					
10	施工设施和机械设备管理制度					
11	计量设备配备					
12	检测试验管理制度					
13	工程质量检查验收制度					
14						
自检结果：				检查结论：		
施工单位项目负责人：　　　　年　月　日				总监理工程师：　　　　年　月　日		

3.1.3　施工组织设计审查

工程开工前，施工单位应向现场项目监理部报送施工组织设计，由总监理工程师组织专业监理工程师，对施工单位报送的施工组织设计进行审查并提出审查意见，需要修改的问题经施工单位按监理审查意见修改完毕后，由总监理工程师审核签认。施工单位应按总监理工程师签认的施工组织设计组织施工。总监理工程师签认的施工组织设计如需做较大修改，应重新审核并履行审核签批手续。符合要求时，监理意见填写在《建设工程监理规范》(GB/T

50319—2013)表 B.0.1 的相应栏目内。

表 B.0.1 施工组织设计/(专项)施工方案报审表

工程名称：_____　　　　　　　编号：_____

致：_____(项目监理机构) 　　我方已完成_____工程施工组织设计/(专项)施工方案的编制和审批，请予以审查。 　　附件：　□施工组织设计 　　　　　　□专项施工方案 　　　　　　□施工方案 　　　　　　　　　　　　　　　　　　　施工项目经理部(盖章)_____ 　　　　　　　　　　　　　　　　　　　　　项目经理(签字)_____ 　　　　　　　　　　　　　　　　　　　　　　　　年　月　日
审查意见：   　　　　　　　　　　　　　　　　　　　专业监理工程师(签字)_____ 　　　　　　　　　　　　　　　　　　　　　　　　年　月　日
审核意见：   　　　　　　　　　　　　　　　　　　　　项目监理机构(盖章)_____ 　　　　　　　　　　　　　　　总监理工程师(签字、加盖执业印章)_____ 　　　　　　　　　　　　　　　　　　　　　　　　年　月　日
审批意见(仅对超过一定规模的危险性较大的分部分项工程专项施工方案)：   　　　　　　　　　　　　　　　　　　　　　建设单位(盖章)_____ 　　　　　　　　　　　　　　　　　　　建设单位代表(签字)_____ 　　　　　　　　　　　　　　　　　　　　　　　　年　月　日

注：本表一式三份，项目监理机构、建设单位、施工单位各一份。

　　施工组织设计的审查应按程序审查和内容审查分别进行。

一、程序审查

施工组织设计首先应经施工单位自审，然后才能报送给项目监理机构。未经施工单位内部自审的施工组织设计，项目监理机构应要求施工单位完成自审手续后再报送项目监理机构。

二、内容审查

内容审查方面应注意以下内容：

（1）施工组织设计的编制，审查的批准应符合规定的程序。

（2）施工组织设计应符合国家的政策法规、规范标准、设计文件和施工合同的规定。

（3）施工组织设计应有针对性，充分掌握工程的特点和难点，充分分析施工现场地质条件、地形地貌、水文气象和周边建筑的地上地下管线情况，充分了解项目的技术、市场和社会环境情况。

（4）施工组织设计应有可操作性，符合施工顺序要求，满足工艺要求，确保质量要求。

（5）施工组织设计应有先进性，施工方案应先进适用，采用的施工技术必须成熟可靠。

（6）施工组织设计中的施工方案内容应与进度计划具有统一性和一致性。

（7）质量管理体系、技术管理体系和质量保证体系应健全完备。

（8）质量和工期的保证措施可行、可操作，满足施工现场情况要求。

（9）安全、环保、消防和文明施工符合相关要求。

（10）重要的分部分项工程或工序，除在施工组织设计中做出主要规定外，施工单位还应就该部分工程施工向监理单位提交详细的施工方案，经监理单位审查确认后方可实施。

（11）在满足上述相关要求的前提下，施工单位的技术和管理自主权应得到充分尊重。

3.1.4　分包单位资质审查

监理单位按《建设工程监理规范》（GB/T 50319—2013）表 B.0.4 对分包单位的资质进行审查，符合要求时，在相应栏目内签署监理意见。

表 B.0.4　分包单位资格审查表

工程名称：_____　　　　　编号：_____

致：_____（项目监理机构）

经考察，我方认为拟选择的_____（分包单位）具有承担下列工程的施工或安装资质和能力，可以保证本工程按施工合同第_____条款的约定进行施工或安装。请予以审查。

分包工程名称（部位）	分包工程量	分包工程合同额
合计		

附件：1. 分包单位资质材料 　　　2. 分包单位业绩材料 　　　3. 分包单位专职管理人员和特种作业人员的资格证书 　　　4. 施工单位对分包单位的管理制度   　　　　　　　　　　　　　施工项目经理部(盖章)_____ 　　　　　　　　　　　　　项目经理(签字)_____ 　　　　　　　　　　　　　　　　　年　月　日
审查意见：   　　　　　　　　　　　　　专业监理工程师(签字)_____ 　　　　　　　　　　　　　　　　　年　月　日
审查意见：   　　　　　　　　　　　　　项目监理机构(盖章)_____ 　　　　　　　　　　　　　总监理工程师(盖章)_____ 　　　　　　　　　　　　　　　　　年　月　日

注：本表一式三份，项目监理机构、建设单位、施工单位各一份。

3.1.5　测量放线监理

监理单位按《建设工程监理规范》(GB/T 50319—2013)表 B.0.5 对施工单位的测量放线成果进行审查，符合要求时，在相应栏目内签署监理意见。

审查时应注意以下几点：

(1)检查施工单位专职测量人员的岗位证书及测量设备检定证书。

(2)复核控制桩的校核成果、平面控制网、高程控制网和临时水准点的测量成果。

(3)检查测量成果保护措施。

表 B.0.5　施工控制测量成果报验表

工程名称：_____　　　　　　　　　　　编号：_____

致：_____(项目监理机构)
我方已完成_____的施工控制测量、经自检合格，请予以查验。
附件：　1.施工控制测量依据资料
2.施工控制测量成果表
<div style="text-align:right">施工项目经理部(盖章)_____ 项目技术负责人(签字)_____ 年　月　日</div>
审查意见：
<div style="text-align:right">项目监理机构(盖章)_____ 专业监理工程师(签字)_____ 年　月　日</div>

注：本表一式三份，项目监理机构、建设单位、施工单位各一份。

3.1.6　开工报告审批

　　监理单位按《建设工程监理规范》(GB/T 50319—2013)表 B.0.2 对施工单位的开工情况进行审查，符合要求时，在相应栏目内签署监理意见并报送建设单位。

　　审查时应注意以下几点：

　　(1)施工许可证已获得政府建设主管部门批准。

　　(2)征地拆迁工作能够满足工程进度的需要。

　　(3)进场道路及水、电、通信等已满足开工要求。

　　(4)施工图纸等设计文件已满足施工需要。

　　(5)质量、安全保证措施，相应的管理人员、特殊工种人员上岗资格已经监理审查通过。

　　(6)施工组织设计已获项目监理机构批准。

　　(7)施工单位现场管理人员已到位，施工人员、机械机具和主要材料满足施工要求。

　　(8)轴线控制点和水准控制点已经监理复核。

(9)《建设工程施工质量验收统一标准》(GB 50300—2013)中规定相关要求均已满足。

表 B.0.2 工程开工报审表

工程名称:＿＿＿＿＿＿＿＿＿＿＿＿＿＿＿＿＿＿ 编号:＿＿＿＿＿＿＿

致:＿＿＿＿＿＿＿＿＿＿＿＿＿＿＿ (建设单位) ＿＿＿＿＿＿＿＿＿＿＿＿＿＿＿ (项目监理机构) 　　我方承担的＿＿＿＿＿＿＿＿＿＿＿＿＿＿＿工程,已完成相关准备工作,具备开工条件,特此申请于＿＿＿＿＿年＿月＿日开工,请予以审批。 　　附件:证明文件资料 　　　　　　　　　　　　　　　　施工单位(盖章)＿＿＿＿＿＿＿＿ 　　　　　　　　　　　　　　　　项目经理(签字)＿＿＿＿＿＿＿＿ 　　　　　　　　　　　　　　　　　　　　年　月　日	
审查意见: 　　　　　　　　　项目监理机构(盖章)＿＿＿＿＿＿＿＿＿＿＿＿＿ 　　　　　　　　　总监理工程师(签字、加盖执业印章)＿＿＿＿＿＿＿＿ 　　　　　　　　　　　　　　　　　　　　年　月　日	
审批意见: 　　　　　　　　　　　　建 设 单 位(盖章)＿＿＿＿＿＿＿＿＿＿ 　　　　　　　　　　　　建设单位代表(签字)＿＿＿＿＿＿＿＿＿＿ 　　　　　　　　　　　　　　　　　　年　月　日	

注:本表一式三份,项目监理机构、建设单位、施工单位各一份。

3.2 第一次工地会议

3.2.1 第一次工地会议

第一次工地会议是建设工程尚未全面展开、总监理工程师下达开工令前,建设单位、工程监理单位和施工单位对各自人员及分工、开工准备、监理例会的要求等情况进行沟通和协调的会议,也是检查开工前各项准备工作是否就绪并明确监理程序的会议。第一次工地会议应由建设单位主持,监理单位、总承包单位参加,必要时也可邀请分包单位代表和有关设计单位人员参加。

3.2.2 第一次工地会议基本内容

(1)建设单位、监理单位和承包单位分别介绍各自驻现场的组织机构、人员及其分工。
(2)建设单位根据建设工程监理合同宣布对总监理工程师的授权书。
(3)建设单位介绍工程开工准备情况。
(4)承包单位介绍施工准备情况。
(5)建设单位和总监理工程师对施工准备情况提出意见和要求。
(6)总监理工程师介绍监理规划的主要内容(监理工作交底)。
(7)讨论研究当前工作。
(8)研究确定各方在施工过程中参加工地例会的主要人员,召开工地例会周期、地点、主要议题及文件传递接收确认程序等。

3.2.3 第一次工地会议纪要

第一次工地会议虽由建设单位主持,但是第一次工地会议纪要由项目监理机构负责起草,并经与会各方代表会签,由项目监理机构及时分发给各参会单位。项目监理机构应记录第一次工地会议纪要的发放情况。

3.3 监理例会

3.3.1 监理例会

监理例会是项目监理机构定期组织有关单位研究解决与监理相关问题的会议。监理例会应由总监理工程师或其授权的专业监理工程师主持召开,宜每周召开一次。参加人员包括项目总监理工程师或总监理工程师代表、其他有关监理人员、施工单位项目经理、施工单位其他有关人员、建设单位代表等,需要时也可邀请其他有关单位代表参加。

3.3.2 监理例会基本内容

监理例会主要内容如下:
(1)检查上次例会议定事项的落实情况,分析未完事项原因。

（2）检查分析工程项目进度计划完成情况，提出下一阶段进度目标及其落实措施。

（3）检查分析工程项目质量、施工安全管理状况，针对存在的问题提出改进措施。

（4）检查工程量核定及工程款支付情况。

（5）解决需要协调的有关事项。

（6）其他有关事宜。

3.3.3　监理例会纪要

监理例会纪要由项目监理机构整理成文。监理例会纪要要求全面真实地反映例会情况，对不同的意见应真实记录，对结论性决定要准确记录。监理例会纪要必须经参会人员签字认可。项目监理机构必须及时分发监理例会纪要，以方便各单位按纪要决定执行。项目监理机构应记录监理例会纪要的发放情况。

3.4　监理通知单

项目监理机构发现现场施工存在问题时，应及时签发监理通知单，要求施工单位整改。整改完毕后，项目监理机构应根据施工单位报送的监理通知回复单对整改情况进行复查，提出复查意见。

需要注意的是，每一份监理通知单都必须有回复，即每一份监理通知单必须对应有一份监理通知回复单。

3.4.1　监理通知单

监理通知单使用《建设工程监理规范》（GB/T 50319—2013）表 A.0.3 所示监理通知单。

表 A.0.3　监理通知单

工程名称：＿＿＿＿＿＿＿＿＿＿＿＿＿＿＿＿＿　　　　编号：＿＿＿＿＿＿

致：＿＿＿＿＿＿＿＿＿＿＿＿＿＿＿（施工项目经理部）

事由：＿＿＿＿＿＿＿＿＿＿＿＿＿＿＿＿＿＿＿＿＿＿＿＿
＿＿＿＿＿＿＿＿＿＿＿＿＿＿＿＿＿＿＿＿＿＿＿＿＿＿＿
＿＿＿＿＿＿＿＿＿＿＿＿＿＿＿＿＿＿＿＿＿＿＿＿＿＿＿
＿＿＿＿＿＿＿＿＿＿＿＿＿＿＿＿＿＿＿＿＿＿＿＿＿＿＿

内容：＿＿＿＿＿＿＿＿＿＿＿＿＿＿＿＿＿＿＿＿＿＿＿＿＿
＿＿＿＿＿＿＿＿＿＿＿＿＿＿＿＿＿＿＿＿＿＿＿＿＿＿＿
＿＿＿＿＿＿＿＿＿＿＿＿＿＿＿＿＿＿＿＿＿＿＿＿＿＿＿
＿＿＿＿＿＿＿＿＿＿＿＿＿＿＿＿＿＿＿＿＿＿＿＿＿＿＿

项目监理机构（盖章）＿＿＿＿＿＿＿＿

总/专业监理工程师（签字）＿＿＿＿＿＿

年　月　日

注：本表一式三份，项目监理机构、建设单位、施工单位各一份。

3.4.2 监理通知回复单

监理通知回复单使用《建设工程监理规范》(GB/T 50319—2013)表 B.0.9。

表 B.0.9 监理通知回复单

工程名称:_____ 编号:_____

致:_____(项目监理机构) 我方接到编号为_____的监理通知单后,已按要求完成相关工作,请予以复查。 附件:需要说明的情况 施工项目经理部(盖章)_____ 项 目 经 理(签字)_____ 年 月 日	
复查意见: 项目监理机构(盖章)_____ 总监理工程师/专业监理工程师(签字)_____ 年 月 日	

注:本表一式三份,项目监理机构、建设单位、施工单位各一份。

3.5   监理报告

施工单位拒不整改或者不停止施工的,项目监理机构应及时向有关主管部门报送监理报告。

监理报告使用《建设工程监理规范》(GB/T 50319—2013)表 A.0.4。

表 A.0.4   监理报告

工程名称:＿＿＿＿＿＿＿＿＿＿＿＿＿＿＿＿＿＿＿＿   编号:＿＿＿＿＿＿＿＿

致:＿＿＿＿＿＿＿＿＿＿＿＿＿＿＿＿＿＿＿＿＿(主管部门) 　　由＿＿＿＿＿＿＿＿(施工单位)施工的＿＿＿＿＿＿＿＿(工程部位),存在安全事故隐患,我方已于＿＿＿＿年__月__日发出编号为＿＿＿的《监理通知单》/《工程暂停令》,但施工单位未整改/停工。 　　特此报告。 　　附件:□监理通知单 　　　　　□工程暂停令 　　　　　□其他   　　　　　　　　　　　　　　　　　　　　　　　项目监理机构(盖章)＿＿＿＿＿＿＿＿ 　　　　　　　　　　　　　　　　　　　　　　　总监理工程师(签字)＿＿＿＿＿＿＿＿ 　　　　　　　　　　　　　　　　　　　　　　　　　　　年　月　日

注:本表一式四份,主管部门、建设单位、工程监理单位、项目监理机构各一份。

3.6 工作联系单

项目监理机构与工程建设相关方之间的工作联系,除另有规定外宜采用工作联系单形式进行。

工作联系单使用《建设工程监理规范》(GB/T 50319—2013)表 C.0.1。

表 C.0.1　工作联系单

工程名称:_____　　　　　　　编号:_____

致:_____

　　　　　　　　　　　　　　　　　　　　　发文单位_____
　　　　　　　　　　　　　　　　　　　　　负责人(签字)_____
　　　　　　　　　　　　　　　　　　　　　　　　年　月　日

3.7 施工实施阶段监理工作

3.7.1 施工方法的监理控制

监理单位应要求施工单位严格按照经批准的施工组织设计所列施工方法进行施工,不得随意变更既定的施工方法。在施工实施过程中若确实需要变更施工方法时,施工单位应按规定重新报批相关施工方案。

3.7.2 平行检验

平行检验是指项目监理机构在施工单位对工程质量自检的基础上,按照有关规定或建设工程监理合同约定独立进行的检测试验活动。

平行检验有以下几方面含义:

(1)实施者是项目监理机构;

(2)监理单位实施的平行检验必须是在承包单位自检合格的基础上进行的;

(3)平行检验是监理单位独立进行的;

(4)平行检验是按照一定比例进行的,并不是全部;

(5)平行检验所需费用应提前约定好。

项目监理机构首先应依据建设工程监理合同编制符合工程特点的平行检验方案,明确平行检验的方法、范围、内容、频率等,并设计各平行检验记录表式。建设工程监理实施过程中,应根据平行检验方案的规定和要求,开展平行检验工作。对平行检验不符合规范、标准的检验项目,应分析原因后按照相关规定进行处理。

负责平行检验的监理人员应根据经审批的平行检验方案,对工程实体、原材料等进行平行检验。平行检验的方法包括量测、检测、试验等,在平行检验的同时,记录相关数据,分析平行检验结果、检测报告结论等,提出相应的建议和措施。

3.7.3　巡视

巡视是监理人员在施工现场进行的定期或不定期的监督检查活动,是监理人员控制施工质量的最常用手段。正常施工情况下,监理人员每天都应数次巡视施工现场,发现问题应及时予以解决。监理人员巡视后应有文字记录,一般可记在监理日志中,也可以记在专用的监理巡视记录中。《建设工程监理规范》(GB/T 50319—2013)中没有巡视记录表格,监理单位可以根据实际情况自行制定。

巡视是监理人员针对现场施工质量和施工单位安全生产管理情况进行的检查工作,监理人员通过巡视检查,能够及时发现施工过程中出现的各类质量、安全问题,对不符合要求的情况及时要求施工单位进行纠正并督促整改,力求使问题消灭在萌芽状态。巡视对于实现建设工程目标,加强安全生产管理等起着重要作用。

监理人员在巡视检查时,应主要关注施工质量、安全生产两个方面情况:

1. 施工质量方面

(1)天气情况是否适合施工作业,如不适合,是否已采取相应措施;

(2)施工人员作业情况,是否按照工程设计文件、工程建设标准和批准的施工组织设计、(专项)施工方案施工;

(3)使用的工程材料、设备和构配件是否已检测合格;

(4)施工单位主要管理人员到岗履职情况,特别是施工质量管理人员是否到位;

(5)施工机具、设备的工作状态,周边环境是否有异常情况等。

2. 安全生产方面

(1)施工单位安全生产管理人员到岗履职情况、特种作业人员持证情况;

(2)施工组织设计中的安全技术措施和专项施工方案落实情况;

(3)安全生产、文明施工制度、措施落实情况;

(4)危险性较大分部分项工程施工情况,重点关注是否按方案施工;

(5)大型起重机械和自升式架设设施运行情况;

(6)施工临时用电情况;

(7)其他安全防护措施是否到位,工人违章情况;

(8)施工现场存在的事故隐患,以及按照项目监理机构的指令整改实施情况;

(9)项目监理机构签发的工程指令执行情况等。

3.7.4　旁站

旁站是监理人员在施工现场对工程实体关键部位或关键工序的施工质量进行的监督检查

活动。

房屋建筑工程需要旁站的关键部位或关键工序，包括两方面：

（1）在基础工程方面：土方回填，混凝土灌注桩浇筑，地下连续墙、土钉墙、后浇带及其他结构混凝土、防水混凝土浇筑，卷材防水层细部构造处理，钢结构安装；

（2）在主体结构工程方面：梁柱节点钢筋隐蔽过程，混凝土浇筑，预应力张拉，装配式结构安装，钢结构安装，网架结构安装，索膜安装。

旁站监理人员在旁站监理时的主要职责：

（1）检查施工企业现场质检人员到岗、特殊工种人员持证上岗以及施工机械、建筑材料准备情况；

（2）在现场跟班监督关键部位、关键工序的施工执行施工方案以及工程建设强制性标准情况；

（3）核查进场建筑材料、建筑构配件、设备和商品混凝土的质量检验报告等，并可在现场监督施工企业进行检验或者委托具有资格的第三方进行复验；

（4）做好旁站监理记录和监理日记，保存旁站监理原始资料。

工程监理单位在编制监理规划时，应当制定旁站监理方案，明确旁站监理的范围、内容、程序和旁站监理人员职责等。

旁站记录使用《建设工程监理规范》（GB/T 50319—2013）表 A.0.6。

表 A.0.6 旁站记录

工程名称：_____   编号：_____

旁站的关键部位、关键工序		施工单位	
旁站开始时间	年 月 日 时 分	旁站结束时间	年 月 日 时 分
旁站的关键部位、关键工序施工情况：			
旁站的问题及处理情况： 旁站监理人员（签字）：_____ 年　月　日			

注：本表一式一份，项目监理机构留存。

3.7.5　见证取样

见证取样是项目监理机构对施工单位进行的涉及结构安全的试块、试件及工程材料现场取样、封样、送检工作的监督活动。

项目监理机构应根据工程的特点和具体情况,制定工程见证取样送检工作制度,将材料进场报验、见证取样送检的范围、工作程序、见证人员和取样人员的职责、取样方法等内容纳入监理实施细则,并可召开见证取样工作专题会议,要求工程参建各方在施工中必须严格按制定的工作程序执行。

为保证试件能代表母体的质量状况和取样的真实,制止出具只对试件(来样)负责的检测报告,保证建设工程质量检测工作的科学性、公正性和准确性,以确保建设工程质量,根据建设部《关于印发〈房屋建筑工程和市政基础设施工程实行见证取样和送检制度的规定〉的通知》(建〔2000〕211 号)的要求,在建设工程质量检测中实行见证取样和送检制度,即在建设单位或监理单位人员见证下,由施工人员在现场取样,送至试验室进行试验。

3.7.6　监理工作程序

(1)根据监理大纲和建设工程监理合同等相关资料编制监理规划;
(2)根据监理规划总监理工程师向监理人员进行监理交底;
(3)在监理规划基础上制定监理实施细则;
(4)按照监理规划和监理实施细则实施检查控制;
(5)参与工程验收,签署监理意见;
(6)向建设单位提交建设工程监理档案资料;
(7)监理工作总结。
监理工作应坚持主动控制和事前控制的原则。

3.7.7　施工过程控制

施工过程中,监理单位应按照监理规划、监理实施细则以及施工单位施工组织设计规定的具体方法进行控制,采用平行检验、巡视和旁站等具体手段控制建设工程施工过程中的方方面面。

3.8　工程竣工阶段监理工作

3.8.1　工程竣工阶段准备工作

(1)检查建设工程实物质量,对未完成的尾工及需要处理的缺陷,督促施工单位采取措施尽快完成;
(2)督促和检查施工单位及时整理竣工文件和验收资料,并提出意见;
(3)审查施工单位提交的竣工验收申请,编写工程质量评估报告。竣工验收申请使用《建设工程监理规范》(GB/T 50319—2013)表 B.0.10,施工单位填写上半部分。

表 B.0.10　单位工程竣工验收报审表

工程名称：_____　　　　　　编号：_____

致：_____（项目监理机构）

　　我方已按施工合同要求完成_____工程，经自检合格，现将有关资料报上，请予以验收。

　　附件：1. 工程质量验收报告
　　　　　2. 工程功能检验资料

施工单位(盖章)_____

项目经理(签字)_____

年　月　日

预验收意见：
　　经预验收，该工程合格/不合格，可以/不可以组织正式验收。

项目监理机构(盖章)_____

总监理工程师(签字、加盖执业印章)_____

年　月　日

注：本表一式三份，项目监理机构、建设单位、施工单位各一份。

3.8.2　工程竣工预验收监理工作

　　总监理工程师组织监理人员与施工单位人员进行工程预验收；预验收应对建设工程全面验收，内业资料与外业实物质量均应达到规范要求，对发现的问题必须制定出具体的处理方案，并在限定时间内处理完毕。同时，监理单位也要对监理资料再进行检查整理，如有不健全的部分，必须在建设单位组织正式竣工验收前整改完毕。

　　完成预验收工作后，总监理工程师签署单位工程竣工报审验收表[《建设工程监理规范》（GB/T 50319—2013）表 B.0.10]，并报建设单位。

表 B.0.10　单位工程竣工验收报审表

工程名称：_____　编号：_____

致：_____(项目监理机构)

　　我方已按施工合同要求完成_____工程，经自检合格，现将有关资料报上，请予以验收。

　　附件：1. 工程质量验收报告
　　　　　2. 工程功能检验资料

施工单位(盖章)_____

项目经理(签字)_____

年　月　日

预验收意见：
　　经预验收，该工程合格/不合格，可以/不可以组织正式验收。

项目监理机构(盖章)_____

总监理工程师(签字、加盖执业印章)_____

年　月　日

注：本表一式三份，项目监理机构、建设单位、施工单位各一份。

3.8.3　工程竣工验收监理工作

　　总监理工程师应参加建设单位组织的竣工验收，在单位工程质量竣工验收记录相应栏目签署竣工验收意见；工程竣工验收通过后，应及时编制、整理工程监理归档文件并提交给建设单位。单位工程质量竣工验收记录使用《建筑工程施工质量验收统一标准》(GB 50300—2013)表 H.0.1-1。

表 H.0.1-1　单位工程质量竣工验收记录

工程名称		结构类型		层数/建筑面积	
施工单位		技术负责人		开工日期	
项目负责人		项目技术负责人		完工日期	

序号	项　目	验　收　记　录	验　收　结　论
1	分部工程验收	共　　分部,经查符合设计及标准规定　　分部	
2	质量控制资料核查	共　　项,经核查符合规定　　项	
3	安全和使用功能核查及抽查结果	共核查　　项,符合规定　　项,共抽查　　项,符合规定　　项,经返工处理符合规定　　项	
4	观感质量验收	共抽查　　项,达到"好"和"一般"的　　项,经返修处理符合要求的　　　　　项	
5	综合验收结论		

参加验收单位	建设单位	监理单位	施工单位	设计单位	勘察单位
	（公章）项目负责人： 　年 月 日	（公章）总监理工程师： 　年 月 日	（公章）项目负责人： 　年 月 日	（公章）项目负责人： 　年 月 日	（公章）项目负责人： 　年 月 日

本章小结

本章介绍施工阶段的建设工程监理工作。要求掌握设计交底、图纸会审、第一次工地会议、监理例会的概念，掌握开工报告审批工作、第一次工地会议的基本内容与会议纪要，理解监理通知单、监理报告与工作联系单，熟悉施工实施和工程竣工阶段的监理工作，清楚施工测量放线监理工作，了解施工组织设计审查与分包单位审查工作。

练习题

1. 设计交底与图纸会审的内容。

2. 简述施工组织设计审查。

3. 开工报告审查的注意事项。

4. 第一次工地会议的概念。

5. 第一次工地会议的基本内容。

6. 简要介绍监理例会的基本内容。

7. 第一次工地会议与监理例会有什么区别？

8. 巡视、旁站、平行检验与见证取样的概念。

9. 请简述监理工作程序

10. 监理工程师在工程竣工阶段的准备工作有哪些？

第4章 监理大纲、监理规划和监理实施细则

4.1 监理大纲

4.1.1 监理大纲

监理大纲是监理单位为了获得监理任务，在监理投标前编制的建设工程项目监理的技术性方案文件。它是投标书的重要组成部分。监理大纲以指导性为主，通常不具有实际操作性，因此在中标后，监理单位需要编制监理规划。

4.1.2 监理大纲作用

(1)争取得到建设单位的认可，进而承揽到监理业务；
(2)编制监理规划的纲领性文件。

4.1.3 监理大纲基本内容

(1)建设工程项目概述；
(2)建设工程项目特点、难点及本单位的优势；
(3)拟派监理机构及监理人员情况；
(4)监理人员岗位责任制；
(5)拟采用的组织管理方案；
(6)拟投入的监理设施和设备；
(7)拟提供给建设单位的阶段性监理文件。

4.2 监理规划

4.2.1 监理规划

监理规划是指导项目监理机构全面开展监理工作的指导性文件。监理规划应在监理中标后，建设工程开工前，由总监理工程师主持编制，经监理公司技术负责人审批后，报送建设单位。

4.2.2 监理规划编制依据

(1)建设工程的相关法律；
(2)政府部门的项目审批文件；

（3）建设工程相关的标准、规范；

（4）施工图设计文件；

（5）相关的技术资料；

（6）监理大纲；

（7）建设工程监理合同文件以及与建设工程项目相关的合同文件。

4.2.3　监理规划作用

（1）指导项目监理机构全面开展监理工作；

（2）是建设监理主管部门对监理单位监督管理的依据；

（3）是建设单位确认监理单位履行监理合同的主要依据；

（4）是监理单位内部考核的依据和重要的存档资料。

4.2.4　监理规划编制要求

1. 监理规划的基本构成内容应当力求统一

监理规划在总体内容组成上应力求做到统一，这是监理工作规范化、制度化、科学化的要求。监理规划的基本构成内容应包括项目监理组织及人员岗位职责，监理工作制度，工程质量、投资、进度控制，安全生产管理的监理工作，合同与信息管理，组织协调，等等。就某一特定建设工程而言，监理规划应根据建设工程监理合同所确定的监理范围和深度编制，但其主要内容应力求体现上述内容。

2. 监理规划的内容应具有针对性、指导性和可操作性

监理规划作为指导项目监理机构全面开展监理工作的纲领性文件，其内容应具有很强的针对性、指导性和可操作性。每个项目的监理规划既要考虑项目自身特点，也要考虑项目监理机构的实际状况。在监理规划中应明确规定项目监理机构在工程实施过程中，各个阶段的工作内容、工作人员、工作时间和地点以及工作的具体方式方法等。只有这样，监理规划才能发挥有效的指导作用，真正成为项目监理机构进行各项工作的依据。

3. 监理规划应由总监理工程师组织编制

《建设工程监理规范》（GB/T 50319—2013）明确规定，总监理工程师应组织编制监理规划。当然，要想编制一份合格的监理规划，就要充分调动整个项目监理机构中专业监理工程师的积极性，广泛征求各专业监理工程师和其他监理人员的意见，并吸收高水平的专业监理工程师共同参与编写。

4. 监理规划应把握工程项目运行脉搏

监理规划要把握工程项目运行脉搏，是指其可能随着工程进展进行不断的补充、修改和完善。在工程项目运行过程中，内外因素和条件不可避免地要发生变化，造成工程实际情况偏离计划，往往需要调整计划乃至目标，还需要相应地调整监理规划内容。

5. 监理规划应有利于建设工程监理合同的履行

监理规划是针对一个特定的工程监理范围和内容来编写的，由建设工程监理合同明确建设工程监理范围和内容。项目监理机构应充分了解建设工程监理合同中建设单位、工程监理单位的义务和责任，对完成建设工程监理合同目标控制任务的主要影响因素进行分析，制定具体的措施和方法，确保建设工程监理合同的履行。

6. 监理规划的表达方式应当标准化、格式化

监理规划的内容需要选择最有效的方式和方法来表示，图、表和简单的文字说明应当是基本方法。规范化、标准化是科学管理的标志之一。编写监理规划时，采用什么表格、图示以及哪些内容需要采用简单的文字说明应当作出统一规定。

7. 监理规划的编制应充分考虑时效性

监理规划应在签订建设工程监理合同及收到工程设计文件后，由总监理工程师组织编制，并在召开第一次工地会议前报建设单位。监理规划报送前还应由监理单位技术负责人审核签字。因此，监理规划的编写要留出必要的审查和修改时间。为此，应当事先明确规定监理规划的编写时间，以免编写时间过长，从而耽误监理规划对监理工作的指导，使监理工作陷入被动和无序。

8. 监理规划经审核批准后方可实施

监理规划在编写完成后需进行审核并经批准。监理单位的技术管理部门是内部审核单位，监理单位技术负责人应当签认，同时，应按建设工程监理合同约定提交给建设单位，由建设单位确认，经建设单位确认的监理规划才可实施。

4.2.5 监理规划基本内容

（1）工程概况；
（2）监理工作的范围、内容、目标；
（3）监理工作依据；
（4）监理组织形式、人员配备及进场计划、监理人员岗位职责；
（5）工程质量控制；
（6）工程造价控制；
（7）工程进度控制；
（8）合同与信息管理；
（9）组织协调；
（10）安全生产管理职责；
（11）监理工作制度；
（12）监理工作设施。

4.2.6 监理规划实施

1. 监理责任分解落实

根据监理规划建立健全监理组织，明确和完善相关监理人员的职责及分工，落实监理工作责任，做到责任到人、任务到人。

2. 监理规划交底

由总监理工程师主持，向项目监理机构内所有监理人员进行监理规划交底工作，交底重点是监理工作的"四控"（质量、进度、投资和安全）目标情况，为实现控制目标的监理工作范围和工作内容情况，以及监理工作中的相关措施（组织措施、技术措施、经济措施和合同措施）等。

3. 编制监理实施细则

监理规划是指导性的，不具有操作性，为此，在监理规划的实施过程中，应由专业监理工程师根据监理规划制定出详细的、有针对性的、可操作的监理实施细则，从而有效地实施监理工作。

4.实施中的检查控制

实施过程中，要定期或不定期地对监理实施效果进行检查，对实施中发现的问题应及时分析原因，找到处理办法。

4.3　监理实施细则

4.3.1　监理实施细则

监理实施细则是在监理规划的基础上，针对工程项目中某一专业或某一方面监理工作编制的操作性文件。监理实施细则应在相应工程施工开始前，由专业监理工程师负责编制，总监理工程师审查批准后实施。

4.3.2　监理实施细则编制依据

(1)已批准的建设工程监理规划；
(2)与专业工程相关的标准、设计文件和技术资料；
(3)施工组织设计、(专项)施工方案。

4.3.3　监理实施细则作用

(1)指导具体监理工作，使监理人员通过各种控制方法能更好地进行质量、进度、投资和安全控制。

(2)增加监理人员对本工程的认识和熟悉程度，有针对性地开展监理工作。

(3)监理实施细则中质量通病、重点、难点的分析及预控措施，能使现场监理人员在施工中迅速采取补救措施，有利于保证工程的质量。

(4)有助于提高监理人员的专业技术水平与监理素质。

4.3.4　监理实施细则编制要求

(1)监理实施细则应符合监理规划的要求，并结合工程项目的专业特点，做到详细具体、具有可操作性。

(2)采用新材料、新工艺、新技术、新设备的工程，以及专业性较强、危险性较大的分部分项工程，应编制监理实施细则。

(3)监理实施细则应在相应工程施工开始前由专业监理工程师编制，并报总监理工程师审批。

(4)对项目规模较小、技术不复杂且管理有成熟经验和措施，并且监理规划可以起到监理实施细则的作用时，监理细则可不必另行编制。

(5)具体项目对监理实施细则编制的要求应在项目监理规划中明确。

(6)监理实施细则应符合监理规划的要求，并应结合工程项目的专业特点，体现项目监理机构对于该工程项目在各专业技术、管理和目标控制方面的具体要求,要具有可操作性。

总之,监理实施细则在编制时应重点体现内容全面、针对性强、具有可操作性等各方面。

4.3.5 监理实施细则基本内容

1. 专业工程特点

专业工程特点是指需要编制监理实施细则的工程专业特点,而不是简单的工程概述。专业工程特点应从专业工程施工的重点和难点、施工范围、施工顺序、施工工艺、施工工序等内容进行有针对性的阐述,体现为工程施工的特殊性、技术的复杂性,与其他专业的交叉和衔接以及各种环境约束等内容。

2. 监理工作流程

监理工作流程是结合工程相应专业制定的具有可操作性和可实施性的流程图。不仅涉及最终产品的检查验收,更多地涉及施工中各个环节及中间产品的监督检查与验收。如图4-1所示。

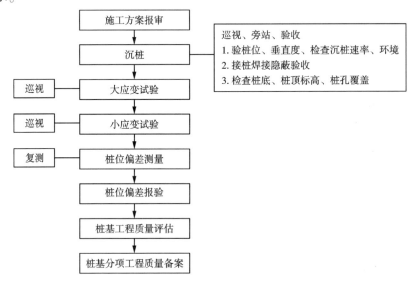

图4-1 某建筑工程预制混凝土空心桩分项工程监理工作流程

3. 监理工作要点

监理工作要点及目标值是对监理工作流程中工作内容的增加和补充,应将流程图设置的相关监理控制点和判断点进行详细而全面的描述,并将监理工作目标和检查点的控制指标、数据和频率等阐明清楚。

4. 监理工作方法及措施

监理规划中的方法是针对工程总体概括要求的方法和措施,监理实施细则中的监理工作方法和措施是针对专业工程而言,应更具体、更具有可操作性和可实施性。

(1)监理工作方法

监理工程师通过旁站、巡视、见证取样、平行检测等监理方法,对专业工程进行全面监控。对每一个专业工程的监理实施细则而言,其工作方法必须加以详尽阐明。除上述四种常规方法外,监理工程师还可采用指令文件、监理通知、支付控制手段等方法实施监理。

（2）监理工作措施

各专业工程的控制目标要有相应的监理措施，以保证控制目标的实现。制定监理工作措施通常有两种方式。

1）根据措施实施内容不同，可将监理工作措施分为技术措施、经济措施、组织措施和合同措施。

2）根据措施实施时间不同，可将监理工作措施分为事前控制措施、事中控制措施及事后控制措施。

4.3.6　监理实施细则实施

1. 落实责任

按照监理实施细则要求，责任落实到人，使每一位监理人员明确自己的职责，清楚应做什么，怎么去做，需要的注意事项是什么。

2. 熟悉细则要求

针对自己的职责，认真学习监理实施细则要求，做到能够灵活运用。

3. 实施中的控制

监理实施细则实施中，应严格按照监理实施细则的要求进行。

在监理工作实施过程中，监理实施细则应根据实际情况进行补充、修改和完善。

4.4　监理大纲、监理规划与监理实施细则的联系与区别

监理大纲、监理规划和监理实施细则都是为某一个工程而在不同阶段编制的监理文件，他们是密切联系的，但同时又有区别。三者之间的联系：监理大纲是纲领性文件，是编制监理规划的依据；监理规划是指导监理开展具体监理工作的指导性文件，是编制监理实施细则的依据；监理实施细则是操作性文件，用以指导实际监理工作。从监理大纲到监理规划再到监理实施细则，是逐步细化的。三者之间的区别：监理大纲在投标阶段根据招标文件编制，目的是承揽工程；监理规划是在签订建设工程监理合同后，在总监理工程师的主持下编制的，是针对具体监理工作的指导性文件，目的是指导项目监理部开展日常工作；监理实施细则是在监理规划编制完成后，依据监理规划由专业监理工程师针对具体专业编制的操作性技术文件，目的是指导具体的实际监理工作。

通常情况下，建设工程项目都需要编制监理大纲、监理规划和监理实施细则。但也不是所有的工程都需要编制这三个文件，对于不同的工程，依据工程的复杂程度等，简单的、规模小的建设工程项目，可以只编写监理大纲和监理规划或监理大纲和监理实施细则。

4.5　其他相关监理文件

4.5.1　工程变更单

工程变更是按照施工合同约定的程序对工程在材料、工艺、功能、构造、尺寸、技术指标、工程量及施工方法等方面做出的改变。工程变更需要取得相关单位的同意认可方可变

更。工程变更以工程变更单的形式确认。

工程变更单使用《建设工程监理规范》(GB/T 50319—2013)表 C.0.2。

表 C.0.2 工程变更单

工程名称:_____　　　　　　　　编号:_____

致:_____	
由于_____原因,兹提	
出_____	
附件:	
□变更内容	
□变更设计图	
□相关会议纪要	
□其他	
变更提出单位(盖章):_____	
负责人(签字):_____	
年　月　日	

工程量增/减	
费用增/减	
工期变化	

施工项目经理部(盖章) 项 目 经 理(签字)	设 计 单 位(盖章) 设计负责人(签字)
项目监理机构(盖章) 总监理工程师(签字)	建设单位(盖章) 负 责 人(签字)

注:本表一式四份,建设单位、项目监理机构、设计单位、施工单位各一份。

4.5.2 索赔意向通知书

发生费用索赔事件时,索赔提出单位应首先向被索赔单位发出索赔意向。索赔意向以索赔通知书形式发出。

索赔意向通知书使用《建设工程监理规范》(GB/T 50319—2013)表 C.0.3。

表 C. 0. 3　索赔意向通知书

工程名称：＿＿＿＿＿＿＿＿＿＿＿＿＿＿＿＿＿　　　　　　　　编号：＿＿＿＿＿＿

致：＿＿＿＿＿＿＿＿＿＿＿＿＿＿＿＿＿

　　根据施工合同＿＿＿＿＿＿＿（条款）约定，由于发生了＿＿＿＿＿＿＿事件，且该事件的发生非我方原因所致。为此，我方向＿＿＿＿＿＿＿＿（单位）提出索赔要求。

　　附件：索赔事件资料

提出单位(盖章)＿＿＿＿＿＿

负 责 人(签字)＿＿＿＿＿＿

年　月　日

4.5.3　工程临时/最终延期报审表

　　发生工程延期，施工单位要求工期延长时，应向建设单位提出延期要求，延期要求以工程临时/最终延期报审表形式提出。

　　工程临时/最终延期报审表使用《建设工程监理规范》(GB/T 50319—2013)表 B. 0. 14。

表 B.0.14　工程临时/最终延期报审表

工程名称:＿＿＿＿＿＿＿＿＿＿＿＿＿＿＿＿＿＿＿＿＿＿＿＿＿＿＿＿＿　　　　编号:＿＿＿＿＿＿＿＿

致:＿＿＿＿＿＿＿＿＿＿＿＿＿＿＿＿＿＿＿＿＿＿＿(项目监理机构) 　　根据施工合同＿＿＿＿＿＿＿＿＿＿(条款),由于＿＿＿＿＿＿＿＿＿＿＿＿＿＿＿＿＿＿＿＿＿＿＿的原因,我方 申请工程临时/最终延期＿＿＿＿＿＿(日历天),请予以批准。 　　附件: 　　1.工程延期依据及工期计算 　　2.证明材料   　　　　　　　　　　　　　　　　　　　　　　　　　　施工项目经理部(盖章)＿＿＿＿＿＿＿＿ 　　　　　　　　　　　　　　　　　　　　　　　　　　项目经理(签字)＿＿＿＿＿＿＿＿＿＿＿
审核意见: 　　□同意临时/最终延期＿＿＿＿＿＿＿＿＿＿＿＿＿＿＿＿＿＿＿＿＿＿(日历天),工程竣工日期从施工合 同约定的＿＿＿＿年＿＿＿月＿＿＿日延迟到＿＿＿＿年＿＿＿月＿＿＿日 　　□不同意延长工期,请按约定竣工日期组织施工。   　　　　　　　　　　　　　　项目监理机构(盖章)＿＿＿＿＿＿＿＿＿＿＿＿＿＿＿＿＿＿＿ 　　　　　　　　　　　　　　总监理工程师(签字、加盖执业印章)＿＿＿＿＿＿＿＿＿＿ 　　　　　　　　　　　　　　　　　　　　　　　　　　　　　　　　年　　月　　日
审批意见: 　　　　　　　　　　　　　　　　　　　　　　　　　　建设单位(盖章)＿＿＿＿＿＿＿＿＿＿ 　　　　　　　　　　　　　　　　　　　　　　　　　　建设单位代表(签字)＿＿＿＿＿＿＿＿

注:本表一式三份,项目监理机构、建设单位、施工单位各一份。

本章小结

本章介绍建设工程监理工作中主要的监理文件。要求掌握监理大纲、监理规划与监理实施细则的基本概念，熟悉监理大纲、监理规划与监理实施细则的基本内容，清楚监理规划与监理实施细则的作用、编制依据和编写要求，理解其他监理文件的主要内容。

练习题

1. 监理大纲、监理规划与监理实施细则的基本概念。
2. 监理大纲、监理规划与监理实施细则的基本内容。
3. 监理大纲、监理规划与监理实施细则作用。
4. 监理规划的编制要求是什么？
5. 监理实施细则的编制要求是什么？
6. 监理大纲、监理规划与监理实施细则的联系与区别。

第5章 建设工程质量控制

建设工程质量是指建设工程满足相关标准规定和合同约定要求的程度，包括其在安全、使用功能、耐久性能、节能与环境保护等方面所有明示和隐含的固有特性。建设工程是一种特殊的产品。建设工程质量应具有适用性、耐久性、安全性、可靠性、经济性、节能性与环境适应性等特性，这是必须达到的基本要求，缺一不可。但是对于不同门类、不同专业的工程，如工业建筑、民用建筑、公共建筑、住宅建筑、道路建筑等，可根据其所处的特定地域环境条件、技术经济条件的差异，有不同的侧重面。

5.1 质量控制

5.1.1 质量控制的概念

建设工程质量控制是通过有效的质量控制工作和具体的质量控制措施，在满足投资和进度要求前提下，实现建设工程预定的质量要求。

5.1.2 质量控制任务

(1)建设工程质量必须满足现行国家有关建设工程质量的法律、法规、技术标准和技术规范的要求。

(2)建设工程质量要满足业主个性化需求。

建设工程质量关乎人民生命财产安全，事关重大。《中华人民共和国建筑法》规定：建筑工程勘察、设计、施工的质量必须符合国家有关建筑工程安全标准的要求。国家现行标准、规范是建设工程质量的最低要求，不论业主的个性化需求如何，都必须首先满足国家现行标准、规范。

5.2 影响质量的主要因素

影响工程质量的因素很多，但归纳起来主要有五个方面，即人(Man)、材料(Material)、机械(Machine)、方法(Method)和环境(Environment)，简称4M1E。

1. 人员素质

人是生产经营活动的主体，也是工程项目建设的决策者、管理者、操作者，工程建设的规划、决策、勘察、设计、施工与竣工验收等全过程，都是通过人的工作来完成的。人员的素质，即人的文化水平、技术水平、决策能力、管理能力、组织能力、作业能力、控制能力、身体素质及职业道德等，都将直接和间接地对规划、决策、勘察、设计和施工的质量产生影响，而规划是否合理、决策是否正确、设计是否符合所需要的质量功能、施工能否满足合同、规范、技术标准的需要等，都将对工程质量产生不同程度的影响。人员素质是影响工程质量的一个重要因素。因此，建筑行业实行资质管理和各类专业从业人员持证上岗制度是保证人员素质的重要管理措施。

2. 工程材料

工程材料是指构成工程实体的各类建筑材料、构配件、半成品等，它是工程建设的物质条件，是工程质量的基础。工程材料选用是否合理，产品是否合格，材质是否经过检验，保管使用是否得当等，都将直接影响建设工程的结构刚度和强度，影响工程外表及观感，影响工程的使用功能，影响工程的使用安全。

3. 机械设备

机械设备可分为两类：一类是指组成工程实体及配套的工艺设备和各类机具，如电梯、泵机、通风设备等，它们构成了建筑设备安装工程或工业设备安装工程，形成完整的使用功能。另一类是指施工过程中使用的各类机具设备，包括大型垂直与横向运输设备、各类操作工具、各种施工安全设施、各类测量仪器和计量器具等，简称施工机具设备，它们是施工生产的手段。施工机具设备对工程质量也有重要的影响。工程所用机具设备，其产品质量优劣直接影响工程使用功能质量。施工机具设备的类型是否符合工程施工特点，性能是否先进稳定，操作是否方便安全等，都将会影响工程项目的质量。

4. 方法

方法是指工艺方法、操作方法和施工方案。在工程施工中，施工方案是否合理，施工工艺是否先进，施工操作是否正确，都将对工程质量产生重大的影响。采用新技术、新工艺、新方法，不断提高工艺技术水平，是保证工程质量稳定提高的重要因素。

5. 环境条件

环境条件是指对工程质量特性起重要作用的环境因素，包括工程技术环境，如工程地质、水文、气象等；工程作业环境，如施工环境、作业面大小、防护设施、通风照明和通信条件等；工程管理环境，主要指工程实施的合同环境与管理关系的确定，如组织体制及管理制度等；周边环境，如工程邻近的地下管线、建（构）筑物等。环境条件往往对工程质量产生特定的影响。加强环境管理，改进作业条件，把握好技术环境，辅以必要的措施，是控制环境条件对质量影响的重要保证。

5.3　建筑工程质量的特点

建设工程质量的特点是由建设工程自身和建设生产的特点决定的。建设工程（产品）及其生产的特点：一是产品的固定性，生产的流动性；二是产品多样性，生产的单件性；三是产品形体庞大、高投入、生产周期长、具有风险性；四是产品的社会性，生产的外部约束性。正是由于上述建设工程的特点而形成了工程质量自身的以下特点。

1. 影响因素多

建设工程质量受到多种因素的影响，如决策、设计、材料、机具设备、施工方法、施工工艺、技术措施、人员素质、工期、工程造价等，这些因素直接或间接地影响建筑工程质量。

2. 质量波动大

由于建筑生产的单件性、流动性，不像一般工业产品的生产那样，有固定的生产流水线、有规范化的生产工艺和完善的检测技术、有成套的生产设备和稳定的生产环境，所以工程质量容易产生波动且波动大。同时由于影响工程质量的偶然性因素和系统性因素比较多，其中任一因素发生变动，都会使工程质量产生波动。如材料规格品种使用错误、施工方法不当、操作未按规程进行、机械设备过度磨损或出现故障、设计计算失误等，都会发生质量波动，产生系统因素的质量变异，造成工程质量事故。为此，要严防出现系统性因素的质量变异，要把质量波动控制在偶然性因素范围内。

3. 质量隐蔽性

建设工程在施工过程中，分项工程交接多、中间产品多、隐蔽工程多，因此质量存在隐蔽性。若在施工中不及时进行质量检查，事后只能从表面上检查，就很难发现内在的质量问题，这样很容易产生判断错误，即将不合格品误认为合格品。

4. 终检的局限性

工程项目建成后不可能像一般工业产品那样依靠终检来判断产品质量，或将产品拆卸、解体来检查其内在质量，或对不合格零部件进行更换。而且工程项目的终检（即竣工验收）无法进行工程内在质量的检验，发现隐蔽的质量缺陷。因此，工程项目的终检存在一定的局限性。这就要求工程质量控制应以预防为主，防患于未然。

5. 评价方法的特殊性

工程质量的检查评定及验收是按检验批、分项工程、分部工程、单位工程进行的。检验批的质量是分项工程乃至整个工程质量检验的基础，检验批合格质量主要取决于主控项目和一般项目检验的结果。隐蔽工程在隐蔽前要检查合格后验收，涉及结构安全的试块、试件以及有关材料，应按规定进行见证取样检测；涉及结构安全和使用功能的重要分部工程要进行抽样检测。工程质量是在施工单位按合格质量标准自行检查评定的基础上，由项目监理机构组织有关单位、人员进行检验确认验收。这种评价方法体现了"验评分离、强化验收、完善手段、过程控制"的指导思想。

5.4 建设工程质量控制原则

项目监理机构在工程质量控制过程中，应遵循以下几条原则。

1. 坚持质量第一的原则

建设工程质量不仅关系工程的适用性和建设项目投资效果，而且关系到人民群众生命财产的安全。因此，项目监理机构在进行投资、进度、质量三大目标控制时，在处理三者关系时，应坚持"百年大计，质量第一"，在工程建设中自始至终把"质量第一"作为对工程质量控制的基本原则。

2. 坚持以人为核心的原则

人是工程建设的决策者、组织者、管理者和操作者。工程建设中各单位、各部门、各岗位人员的工作质量水平和完善程度，都直接和间接地影响工程质量。因此在工程质量控制中，要以人为核心，重点控制人的素质和人的行为，充分发挥人的积极性和创造性，以人的工作质量保证工程质量。

3. 坚持以预防为主的原则

工程质量控制应该是积极主动的，应事先对影响质量的各种因素加以控制，而不能是消极被动的，等出现质量问题后再进行处理，这样的话已造成不必要的损失。因此，要重点做好质量的事先控制和事中控制，以预防为主，加强过程和中间产品的质量检查和控制。

4. 以合同为依据，坚持质量标准的原则

质量标准是评价产品质量的尺度，工程质量是否符合合同规定的质量标准要求，应通过质量检验并与质量标准对照。符合质量标准要求的才是合格，不符合质量标准要求的就是不合格，必须返工处理。

5. 坚持科学、公平、守法的职业道德规范的原则

在工程质量控制中，项目监理机构必须坚持科学、公平、守法的职业道德规范，要尊重科学，尊重事实，以数据资料为依据，客观、公平地进行质量问题的处理。要坚持原则，遵纪守法，秉公监理。

5.5　质量控制主要工作

5.5.1　建立质量控制系统

建立质量控制系统是为了有效贯彻监理单位的质量管理体系，进行系统、全面的建设工程质量控制。

1. 建立组织机构

项目监理机构是工程监理单位派驻工程项目、负责履行建设工程监理合同的组织机构，是建立和实施项目质量控制系统的主体。其健全程度、组成人员素质及内部分工管理的水平，直接关系到整个工程质量控制的好坏。项目监理机构的组织形式和规模，应根据建设工程监理合同约定的服务内容、服务期限，以及工程特点、规模、技术复杂程度、环境等因素确定，监理人员应由总监理工程师、专业监理工程师和监理员组成，且专业配套、人员数量应满足建设工程监理工作需要。

2. 制定工作制度

项目监理机构应建立相关制度，有效实施质量控制。

(1)施工图纸会审及设计交底制度。

在工程开工之前，必须进行图纸会审和设计交底，在熟悉图纸的同时排除图纸上的错误和矛盾。项目监理机构应于开工前协助建设单位组织设计、施工单位进行图纸会审；协助建设单位督促组织设计单位向施工单位和监理单位等进行施工图纸设计文件的全面技术交底，提出对关键部位、工序质量控制的要求，主要包括设计意图、施工要求、质量标准、技术措施、注意事项等。图纸会审和设计交底应以会议形式进行，设计单位就施工图纸设计文件向施工单位和监理单位等作出详细说明，使施工单位和监理单位等了解工程特点和设计意图，随后通过各相关单位多方研究，找出图纸存在的问题及需要解决的技术难题，并制定解决方案。图纸会审和设计交底会议后，要根据讨论决定的事项整理出书面会议纪要，交由参加图纸会审和设计交底各方会签，会议纪要一经签认，即成为施工和监理的依据。

(2)施工组织设计、施工方案审核、审批制度。

在工程开工前，施工单位必须完成施工组织设计的编制及内部审批工作。内部审批后填写《施工组织设计/(专项)施工方案报审表》(GB/T 50319—2013 表 B.0.1 见 P67 页)报送项

目监理机构。总监理工程师在约定的时间内，组织专业监理工程师审查，提出意见，符合要求后由总监理工程师审核签认。需要施工单位修改时，由总监理工程师签发书面意见，退回施工单位修改后重新报审。施工单位应严格按审定的"施工组织(施工方案)"文件施工。

（3）工程开工、复工审批制度。

当工程项目的主要施工准备工作已完成时，施工单位可填报《开工报审表》(GB/T 50319—2013 表 B.0.2 见 P71 页)，总监理工程师组织专业监理工程师审查施工单位报送的开工报审表及相关资料；同时具备下列条件时，应由总监理工程师签署审查意见，并应报建设单位批准后，总监理工程师签发工程开工令[表式见《工程开工令》(GB/T 50319—2013 表 A.0.2)]：

1）设计交底和图纸会审已完成；

2）施工组织设计已由总监理工程师签认；

3）施工单位现场质量、安全生产管理体系已建立，管理及施工人员已到位，施工机械具备使用条件，主要工程材料已落实；

4）进场道路及水、电、通信等已满足开工要求。

否则，施工单位应进一步做好施工准备，待条件具备时，再次填报开工申请。经批准的开工日期即是合同工期的开始之时。

工程施工因某种原因停工，在满足复工条件时，施工单位填报[表式见《复工报审表》(GB/T 50319—2013 表 B.0.3)]，总监理工程师签署审查意见后报建设单位批准。建设单位批准后，总监理工程师签发工程复工令[表式见《工程复工令》(GB/T 50319—2013 表 A.0.7)]

（4）工程材料检验制度。

材料进场必须有出厂合格证、生产许可证、质量保证书和使用说明书。工程材料进场后，用于工程施工前，施工单位应填报报审表[表式见《工程材料/构配件/设备报审表》(GB/T 50319—2013 表 B.0.6)]。项目监理机构应审查施工单位报送的用于工程的材料、构配件、设备的质量证明文件，包括进场材料出厂合格证、材质证明、试验报告等，并应按有关规定、建设工程监理合同约定，对用于工程的材料进行见证取样、平行检验。

项目监理机构对已进场经检验不合格的工程材料、构配件、设备，应要求施工单位限期将其撤出施工现场。

（5）工程质量检验制度。

工程质量检验前，施工单位应按有关技术规范、施工图纸进行自检，自检合格后填写隐蔽工程、关键部位质量报审、报验表[表式见《_____报审/验表》(GB/T 50319—2013)表 B.0.7]，并附上相应的工程检查证明(或隐蔽工程检查记录)及相关材料证明、试验报告等，报送项目监理机构。项目监理机构应对施工单位报验的隐蔽工程、检验批、分项工程和分部工程进行验收，对验收合格的应给予签认；对验收不合格的应拒绝签认，同时应要求施工单位在指定的时间内整改并重新报验。

对已同意覆盖的工程隐蔽部位质量有疑问的，或发现施工单位私自覆盖工程隐蔽部位的，项目监理机构应要求施工单位对该隐蔽部位进行钻孔探测或揭开或以其他方法进行重新检验。

（6）工程变更处理制度。

如因设计图纸错漏，或发现实际情况与设计不符时，对施工单位提出的工程变更申请，总监理工程师应组织专业监理工程师审查施工单位提出的工程变更申请，提出审查意见。对涉及工程设计文件修改的工程变更，应由建设单位转交原设计单位修改工程设计文件。必要时，项目监理机构应建议建设单位组织设计、施工等单位召开论证工程设计文件修改方案的专题会议。工程变更往往会影响工程费用和工程工期，总监理工程师应组织专业监理工程师对工程变更费用及工期影响作出评估，并组织建设单位、施工单位等共同协商确定工程变更费用及工期变化，会签工程变更单[表式见《工程变更单》(GB/T 50319—2013 表 C.0.2)]。

工程变更由总监理工程师审核无误后签发。项目监理机构根据批准的工程变更文件监督施工单位实施工程变更，做好工程变更的闭环控制和签证、确认工作，为竣工决算提供依据。

(7)工程质量验收制度。

施工单位完工，自检合格提交《单位工程竣工验收报审表》(GB/T 50319—2013 表 B.0.10)及竣工资料后，项目监理机构应组织审查资料和组织工程竣工预验收。工程存在质量问题的，应要求施工单位及时整改；工程质量合格的，总监理工程师应签认单位工程竣工验收报审表。工程竣工预验收合格后，项目监理机构应编写工程质量评估报告，并应经总监理工程师和工程监理单位技术负责人审核签字后报建设单位。

项目监理机构应参加由建设单位组织的竣工验收，对验收中提出的整改问题，应督促施工单位及时整改。工程质量符合要求的，总监理工程师应在工程竣工验收报告中签署意见。

(8)监理例会制度。

项目监理机构应定期组织召开监理例会，研究协调施工现场包括计划、进度、质量、安全及工程款支付等问题，参建单位各方负责人或委派人员应参加例会，施工单位应在会议上汇报上期工程情况及需要协调解决的问题，提出下期工作计划。监理例会应沟通工程质量及工程进展情况，检查上期会议纪要中有关决定的执行情况，分析当前存在的问题，提出问题的解决方案或建议，明确会后应完成的任务。项目监理机构根据会议内容和协调结果编写会议纪要并由与会各方签字确认，会议纪要必须经总监理工程师批准签发后分发给各单位。

(9)监理工作日志制度。

在监理工作开展过程中，项目监理机构应每日填写监理日志。监理日志应反映监理检查工作的内容、发现的问题、处理情况及当日大事等。监理日志的填写要求及时、准确、真实，书写工整，用语规范，内容严谨。监理日志要及时交总监理工程师审查，以便及时沟通了解现场状况，从而促进监理工作正常有序地开展。

3.明确工作程序

监理工作是一项技术复杂的工作，监理工程师必须有计划、按规范的工作程序开展工作，否则，轻则带来不必要的麻烦，重则造成无法挽回的损失或后果。在工程质量控制中，监理工作应围绕影响工程质量的人、机、料、法、环五大因素和事前、事中、事后三个阶段，按规范的工作程序开展监理工作，从而有效地控制建设工程施工质量。

4.确定工作方法和手段

监理工作中实际应用的方法很多，但是不论什么控制方法，均体现在数据或质量特性值的处理方法上。通常使用的处理方法有频数分布图、直方图、排列图、因果分析图、控制图、相关图等。

监理工作中的主要手段如下：

(1)监理指令。

对监理检查发现的施工质量问题或严重的质量隐患，项目监理机构通过下发监理通知单

［表式见《监理通知单》（GB/T 50319—2013 表 A.0.3）］、工程暂停令［表式见《工程暂停令》（GB/T 50319—2013 表 A.0.5）］等指令性文件向施工单位发出指令以控制工程质量，施工单位整改后，应以监理通知回复单［表式见《监理通知回复单》（GB/T 50319—2013 表 B.0.9）］回复处理情况。

（2）旁站。

旁站监理是针对工程项目关键部位和关键工序施工质量控制的主要监理手段之一。通过旁站，可以使施工单位在进行工程项目的关键部位和关键工序施工过程中严格按照有关技术规范和施工图纸进行施工，从而保证工程项目的工程质量。

旁站监理人员应在规定时间到达现场，检查和督促施工人员按标准、规范、图纸、工艺进行施工；要求施工单位认真执行"三检制"（自检、互检、专检），根据实际旁站情况测量填写《旁站检查记录》（GB/T 50319—2013 表 A.0.6）；旁站结束后，应及时整理旁站检查记录，并按程序审核、归档。

（3）巡视。

项目监理机构应对工程项目进行定期或不定期的检查。检查的主要内容有：施工单位的施工质量、安全、进度、投资各方面实施情况；工程变更、施工工艺等调整情况；跟踪检查上次巡视发现问题，监理指令的执行落实情况等。对于巡视发现的问题，应及时做出处理。巡视检查以预防为主，主要检查施工单位的质量保证体系运行情况。

（4）平行检验。

平行检验应在施工单位自行检测的同时，项目监理机构按有关规定和建设工程监理合同的约定对同一检验项目进行独立的检测试验活动，核验施工单位的检测结果。

（5）见证取样。

见证取样是项目监理机构在施工单位进行试样检测前，对施工单位涉及结构安全的试块、试件及工程材料现场取样、封样、送检工作实施的监督，确认其程序、方法的有效性，以保证试样的真实性、代表性。

5.项目质量控制系统的改进

项目质量控制系统在运行过程中，必须根据工程项目的具体情况，持续地对质量控制的结果进行反馈，对于未考虑到、不合理或者是有问题的部分加以增补和改进，然后继续进行反馈，持续不断地进行改进。

项目监理机构需要定期地对项目质量控制的效果进行检查和反馈，并对系统进行评价，对于发现的问题及时地寻找其发生原因，然后对项目质量控制系统相关的部分进行调整和改进，对调整和改进后的系统继续进行跟踪反馈和评价，继续改进和完善。这个过程应该是一个不断循环前进的过程。

5.5.2　质量控制过程管理

1.施工方法控制

施工单位必须严格按照经审批的施工组织设计（方案）规定的施工方法进行施工。如施工单位未按照经审批的施工组织设计（方案）规定的施工方法进行施工，监理单位一经发现，应要求其改正。因此，发生的质量下降，工期和造价增加，应由施工单位承担责任。如需要改变相关施工方法，应由施工单位补报相关资料，经监理单位审批后才能照此实施。

2. 技术复核

监理单位对施工单位在施工过程中报送的施工测量放线成果等进行复核确认。专业监理工程师应实地检查放线是否符合规范和标准要求，施工轴线控制桩的位置、轴线和高程的控制标志是否坚固、明显。经监理单位复核确认后，施工单位方可依此施工。凡涉及施工作业活动基准和依据的技术工作，监理单位都应进行技术复核。监理单位应将技术复核工作列入质量控制计划，并作为经常性工作任务，贯穿于整个施工阶段监理工作中。

3. 试验室控制

根据有关规定，为工程提供服务的实验室应具有政府主管部门颁发的资质证书及相应的试验范围。试验室的资质等级和试验范围必须满足工程需要；试验设备应由法定计量部门出具符合规定要求的计量检定证明，从事试验、检测工作的人员应按规定具备相应的上岗资格证书。专业监理工程师应对以上制度进行检查，符合要求后予以签认。

4. 建筑材料、设备控制

项目监理机构应审查施工单位报送的用于工程的建筑材料、设备的质量证明文件，并应按有关规定、建设工程监理合同约定，对用于工程的建筑材料进行见证取样。用于工程的建筑材料、设备的质量证明文件包括出厂合格证、质量检验报告、性能检测报告以及施工单位的质量抽检报告等。对于工程设备应同时附有设备出厂合格证、技术说明书、质量检验证明、有关图纸、配件清单及技术资料等。对已进场经检验不合格的建筑材料、设备，应要求施工单位限期将其撤出施工现场。对进口建筑材料、设备，施工单位还应报送进口商检文件。

5. 施工设备、仪器控制

施工单位用于现场进行计量的设备，包括施工中使用的衡器、量具、计量装置等，应按有关规定定期对计量设备进行检查、检定，确保计量设备的精确性和可靠性。专业监理工程师应审查施工单位定期提交的影响工程质量的计量设备的检查和检定报告。

6. 施工过程监督检查

监理单位应采用巡视、旁站、平行检验和见证取样等监理手段对施工过程进行监督检查。巡视是监理工作中最常用的工作方法，监理单位通过巡视检查可以全面了解现场施工的实施情况，及时发现问题，及时提出整改意见。

7. 隐蔽工程验收

隐蔽工程是指会被后续工序施工所覆盖的施工部位。这些部位被覆盖后，再进行质量确认将极其困难。施工单位进行隐蔽工程施工时，在要覆盖之前，应由监理单位验收隐蔽工程，经验收合格后方可覆盖继续下道工序的施工。未经监理单位验收或验收不合格的，施工单位不得进行下道工序的施工。

8. 工程质量验收

监理单位对施工单位完成的工程部分，按照《建筑工程施工质量验收统一标准》（GB 50300—2013）的规定，分别按检验批、分项工程、分部工程和单位工程进行验收。详见第 5.5.3 节。

9. 质量缺陷控制

质量缺陷是指工程不符合技术标准、规范以及建设工程施工合同对质量的要求。施工过程中出现的一般性质量缺陷，监理单位应及时要求施工单位进行整改，整改完毕经检查验收合格后，方可进入下道工序的施工。对于施工过程中出现的重大质量缺陷，监理单位应及时下达工程暂停令，并宜向建设单位报告。同时要求施工单位制定整改方案，经监理单位批准后实施整改。整改完毕经监理单位复查符合要求后方可复工。

5.5.3 质量验收的划分

一、工程施工质量验收层次划分及目的

1. 工程施工质量验收层次划分

按照《建筑工程质量验收统一标准》（GB 50300—2013）规定，工程施工质量验收以单位工程为单位进行质量验收。但随着我国经济发展和施工技术的进步，工程建设规模不断扩大，技术复杂程度越来越高，出现了大量工程规模较大的单体工程和具有综合使用功能的综合性建筑物。由于大型单体工程可能在功能或结构上由若干个单体组成，且整个建设周期较长，可能出现已建成可使用的部分单体需先投入使用，或先将工程中一部分提前建成使用等情况，需要进行分段验收。再加之对规模特别大的工程进行一次验收也不方便等。因此，标准规定可将此类工程划分为若干个子单位工程进行验收。同时为了更加科学地评价工程施工质量和有利于对其进行验收，根据工程特点，按结构分解的原则将单位（或子单位）工程又划分为若干个分部工程。在分部工程中，按相近工作内容和系统又划分为若干个子分部工程。每个分部工程（或子分部）又可划分为若干个分项工程。每个分项工程中又可划分为若干个检验批。检验批是工程施工质量验收的最小单位。

2. 施工质量验收层次划分目的

工程施工质量验收涉及工程施工过程质量验收和竣工质量验收，是工程施工质量控制的重要环节。根据工程特点，按项目层次分解的原则合理划分工程施工质量验收层次，将有利于对工程施工质量进行过程控制和阶段质量验收，特别是不同专业工程验收批的确定，将直接影响到工程施工质量验收工作的科学性、经济性、实用性和可操作性。因此，对施工质量验收层次进行合理划分非常必要，这有利于工程施工质量的过程控制和最终把关，确保工程质量符合有关标准。

二、单位工程的划分

单位工程是指具备独立的设计文件、独立的施工条件并能形成独立使用功能的建筑物或构筑物。对于建筑工程，单位工程的划分应按下列原则确定：

（1）具备独立施工条件并能形成独立使用功能的建筑物或构筑物为一个单位工程。如一所学校中的一栋教学楼、办公楼、传达室等。

（2）对于规模较大的单位工程，可将其能形成独立功能的部分划分为一个子单位工程。子单位工程的划分一般可根据工程的建筑设计分区、使用功能的显著差异、结构缝的设置等实际情况，施工前，应由建设、监理、施工单位商定划分方案，并据此收集整理施工技术资料和验收。

（3）室外工程可根据专业类别和工程规模划分单位工程或子单位工程、分部工程。详见《建筑工程施工质量验收统一标准》（GB 50300—2013）附录 C。

三、分部工程的划分

分部工程，是单位工程的组成部分。一般按专业性质、工程部位或特点、功能和工程量

确定。对于建筑工程，分部工程的划分应按下列原则确定：

（1）分部工程的划分应按专业性质、工程部位确定。《建筑工程施工质量验收统一标准》（GB 50300—2013）将建筑工程划分为地基与基础、主体结构、建筑装饰装修、屋面、建筑给水排水及供暖、通风与空调、建筑电气、智能建筑、建筑节能、电梯十个分部工程。

（2）当分部工程较大或较复杂时，可按材料种类、施工特点、施工程序、专业系统及类别将分部工程划分为若干子分部工程。

四、分项工程的划分

分项工程，是分部工程的组成部分，可按主要工种、材料、施工工艺、设备类别进行划分。如建筑工程主体结构分部工程中，混凝土结构子分部工程按主要工种分为模板、钢筋、混凝土等分项工程；按施工工艺又分为预应力、现浇结构、装配式结构等分项工程。

五、检验批的划分

检验批在《建筑工程施工质量验收统一标准》（GB 50300—2013）中是指按相同的生产条件或按规定的方式汇总起来供抽样检验用的，由一定数量样本组成的检验体。它是建筑工程质量验收划分中的最小验收单位。分项工程可由一个或若干个检验批组成，检验批可根据施工、质量控制和专业验收的需要，按工程量、楼层、施工段、变形缝等进行划分。施工前，应由施工单位制定分项工程和检验批的划分方案，并由项目监理机构审核。对于《建筑工程施工质量验收统一标准》（GB 50300—2013）及相关专业验收规范未涵盖的分项工程和检验批，可由建设单位组织监理、施工等单位协商确定。

建筑工程分部或子分部工程、分项工程的具体划分详见《建筑工程施工质量验收统一标准》（GB 50300—2013）附录 B 及相关专业验收规范的规定。

5.5.4　质量验收

一、基本要求

1. 建筑工程施工质量应按下列要求进行验收

（1）工程施工质量验收均应在施工单位自检合格的基础上进行；

（2）参加工程施工质量验收的各方人员应具备相应的资格；

（3）检验批的质量应按主控项目和一般项目验收；

（4）对涉及结构安全、节能、环境保护和主要使用功能的试块、试件及材料，应在进场时或施工中按规定进行见证检验；

（5）隐蔽工程在隐蔽前应由施工单位通知项目监理机构进行验收，并形成验收文件，验收合格后方可继续施工；

（6）对涉及结构安全、节能、环境保护等的重要分部工程应在验收前按规定进行抽样检验；

（7）工程的观感质量应由验收人员现场检查，并应共同确认。

2. 建筑工程施工质量验收合格应符合下列规定

（1）符合工程勘察、设计文件的规定；

（2）符合《建筑工程施工质量验收统一标准》（GB 50300—2013）和相关专业验收规范的

规定。

二、检验批质量验收

1. 检验批质量验收程序

检验批是工程施工质量验收的最小单位，是分项工程乃至整个建筑工程质量验收的基础。检验批质量验收应由专业监理工程师组织施工单位项目专业质量检查员、专业工长等进行。

验收前，施工单位应先对施工完成的检验批进行自检，合格后由项目专业质量检查员填写《检验批质量验收记录》[表式见《建筑工程施工验收统一标准》(GB 50300—2013) 表 E.0.1，表中的验收记录中有关监理单位验收记录及验收结论不填] 及《检验批报审/验表》[表式见《建设工程监理规范》(GB/T 50319—2013) 表 B.0.7]，并报送项目监理机构申请验收。专业监理工程师对施工单位所报资料进行审查，并组织相关人员到验收现场进行主控项目和一般项目的实体检查、验收。对验收不合格的检验批，专业监理工程师应要求施工单位进行整改，在自检合格后予以复验；对验收合格的检验批，专业监理工程师应签认《检验批报审/验表》及质量验收记录，准许进行下道工序施工。

2. 检验批质量验收合格的规定

(1) 主控项目的质量经抽样检验均应合格。

主控项目是对检验批的基本质量起决定性影响的检验项目，是保证工程安全和使用功能的重要检验项目，因此必须全部符合有关专业验收规范的规定。主控项目如果达不到规定的质量指标，降低要求就相当于降低该工程的性能指标，就会严重影响工程的安全性能，因此主控项目不允许有不符合要求的检验结果，必须全部合格。

(2) 一般项目的质量经抽样检验合格。当采用计数抽样时，合格点率应符合有关专业验收规范的规定，且不得存在严重缺陷。

一般项目是指除主控项目以外的检验项目。为了使检验批的质量符合工程安全和使用功能的基本要求，达到保证工程质量的目的，各专业工程质量验收规范明确规定了各检验批的一般项目的合格质量。

(3) 具有完整的施工操作依据、质量验收记录。检验批质量验收合格条件除主控项目和一般项目的质量经抽样检验合格外，其施工操作依据、质量验收记录尚应完整且符合设计、验收规范的要求。只有符合检验批质量验收合格条件，该检验批质量方能判定合格。

质量控制资料反映了检验批从原材料到最终验收的各施工工序的操作依据、检查情况以及保证质量所必需的管理制度等。对其完整性的检查，实际上是过程控制的确认，这是检验批质量验收合格的前提。

表 E.0.1　检验批质量验收记录

工程名称									
分项工程名称				验收部位					
施工单位				项目负责人			专业工长		
分包单位				项目负责人			施工班组长		
施工执行标准名称及编号									

		验收规范的规定	施工、分包单位检查记录						监理单位验收记录
主控项目	1								
	2								
	3								
	4								
	5								
	6								
	7								
	8								
一般项目	1								
	2								
	3								
	4								

施工、分包单位检查结果	项目专业质量检查员：　　　　　　　　　　　　　　　　年　月　日
监理单位验收结论	专业监理工程师：　　　　　　　　　　　　　　　　　年　月　日

表 B.0.7 _____报审/验表

工程名称:_____   编号:_____

致:_____(项目监理机构)

我方已完成_____工作,经自检合格,现将有关资料报上,请予以审查/验收。

附:□隐蔽工程质量检验资料

□检验批质量检验资料

□分项工程质量检验资料

□施工试验室证明资料

□其他

施工项目经理部(盖章)_____

项目经理或项目技术负责人(签字)_____

审查、验收意见:

项目监理机构(盖章)_____

专业监理工程师(签字)_____

注:本表一式二份,项目监理机构、施工单位各一份。

三、分项工程质量验收

1.分项工程质量验收程序

分项工程质量验收应由专业监理工程师组织施工单位项目技术负责人等进行。验收前,施工单位应对施工完成的分项工程进行自检,合格后填写分项工程质量验收记录[表式见《建筑工程施工验收统一标准》(GB 50300—2013)表 F.0.1]及《分项工程报审/验表》(格式如《检验批报审/验表》),并报送项目监理机构申请验收。专业监理工程师对施工单位所报资料逐项进行审查,符合要求后签认《分项工程报审/验表》及质量验收记录。

2.分项工程质量验收合格的规定

(1)分项工程所含检验批的质量均应验收合格;

(2)分项工程所含检验批的质量验收记录应完整。

分项工程的验收是在检验批的基础上进行的。一般情况下，检验批和分项工程两者具有相同或相近的性质，只是批量的大小不同而已，将有关的检验批汇集即构成分项工程。

在分项工程质量验收时应注意以下两点：(1)核对检验批的部位、区段是否全部覆盖分项工程的范围，有没有缺漏的部位没有验收到；(2)检验批验收记录的内容及签字人是否正确、齐全。

表 F.0.1　分项工程质量验收记录

工程名称		结构类型		检验批数	
施工单位		项目负责人		项目技术负责人	
分包单位		单位负责人		项目负责人	

序号	检验批名称及部位、区段	施工、分包单位检查结果	监理单位验收结论
1			
2			
3			
4			
5			
6			
7			
8			
9			
10			
11			
12			
13			
14			
15			

说明：			
施工单位检查结果	项目专业技术负责人： 年　月　日	监理单位验收结论	专业监理工程师： 年　月　日

四、分部工程质量验收

1.分部(子分部)工程质量验收程序

分部(子分部)工程质量验收应由总监理工程师组织施工单位项目负责人和项目技术、质量负责人等进行。由于地基与基础、主体结构工程要求严格,技术性强,关系到整个工程的安全,为严把质量关,《建筑工程施工质量验收统一标准》(GB 50300—2013)规定勘察、设计单位项目负责人和施工单位技术、质量负责人应参加地基与基础分部工程的验收;设计单位项目负责人和施工单位技术、质量负责人应参加主体结构、节能分部工程的验收。

验收前,施工单位应先对施工完成的分部工程进行自检,合格后填写分部工程质量验收记录[表式见《建筑工程施工验收统一标准》(GB 50300—2013)表 G.0.1]及分部工程报验表[表式见《建设工程监理规范》(GB/T 50319—2013)表 B.0.8],并报送项目监理机构申请验收。总监理工程师应组织相关人员进行检查、验收,对验收不合格的分部工程,应要求施工单位进行整改,自检合格后予以复查。对验收合格的分部工程,应签认分部工程报验表及验收记录。

2.分部(子分部)工程质量验收合格的规定

(1)所含分项工程的质量均应验收合格。

(2)质量控制资料应完整。

(3)有关安全、节能、环境保护和主要使用功能的抽样检验结果应符合相应规定。

(4)观感质量应符合要求。

表 G.0.1 _____分部工程质量验收记录

工程名称			结构类型		层数	
施工单位			技术部门负责人		质量部门负责人	
分包单位			分包单位负责人		分包单位技术负责人	
序号	分项工名称	检验批数	施工、分包单位检查结果		验收结论	
1						
2						
3						
4						
5						
6						
	质量控制资料					
	安全和功能检验结果					
	观感质量					

续表

综合验收结论	

分包单位 项目负责人： 　年　月　日	施工单位 项目负责人： 　年　月　日	勘察单位 项目负责人： 　年　月　日	设计单位 项目负责人： 　年　月　日	监理单位 总监理工程师： 　年　月　日

表 B.0.8　分部工程报验表

工程名称：_____　　编号：_____

致：_____(项目监理机构)

　　我方已完成_____(分部工程)，经自检合格，现将有关资料报上，请予以审查、验收。

　　　　附件：分部工程质量控制资料

施工项目经理部(盖章)_____
项目技术负责人(签字)_____

审查意见：

专业监理工程师(签字)_____
年　月　日

验收意见：

项目监理机构(盖章)_____
总监理工程师(签字)_____
年　月　日

注：本表一式三份，项目监理机构、建设单位、施工单位各一份。

五、单位工程质量验收

1. 单位(子单位)工程质量验收程序

(1)预验收

当单位(子单位)工程完成后,施工单位应依据验收规范、设计图纸等组织有关人员进行自检,对检查结果进行评定,符合要求后填写单位工程竣工验收报审表[表式见《建设工程监理规范》(GB/T 50319—2013)表 B.0.10],以及质量竣工验收记录、质量控制资料核查记录、安全和功能检验资料核查记录、观感质量检查记录等,并将单位工程竣工验收报审表及有关竣工资料报送项目监理机构申请验收。

表 B.0.10   单位工程竣工验收报审表

工程名称:_____   编号:_____

致:_____(项目监理机构)
我方已按施工合同要求完成_____工程,经自检合格,现将有关资料报上,请予以验收。   　　附件:1. 工程质量验收报告 　　　　　2. 工程功能检验资料 　　　　　　　　　　　　　　　　　施工单位(盖章)_____ 　　　　　　　　　　　　　　　　　项目经理(签字)_____ 　　　　　　　　　　　　　　　　　　　　　　　　　年　　月　　日
预验收意见: 　　经预验收,该工程合格/不合格,可以/不可以组织正式验收。   　　　　　　　　　　　　　　　　项目监理机构(盖章)_____ 　　　　　　　　　　　　　　　　总监理工程师(签字、加盖执业印章)_____ 　　　　　　　　　　　　　　　　　　　　　　　　　年　　月　　日

注:本表一式三份,项目监理机构、建设单位、施工单位各一份。

　　总监理工程师应组织专业监理工程师审查施工单位提交的单位工程竣工验收报审表及有关竣工资料,并对工程质量进行竣工预验收。存在质量问题时,应由施工单位及时整改,整改完毕且合格后,总监理工程师应签认单位工程竣工验收报审表及有关资料,并向建设单位提交工程质量评估报告。施工单位向建设单位提交工程竣工报告,申请工程竣工验收。

　　对需要进行功能试验的项目(包括单机试车和无负荷试车),专业监理工程师应督促施工单位及时进行功能试验,并对重要项目进行现场监督、检查,必要时请建设单位和设计单位参加;专业监理工程师应认真审查试验报告单并督促施工单位搞好成品保护和现场清理。

单位工程中的分包工程完工后，分包单位应对所施工的建筑工程进行自检，并应按规定的程序进行验收。验收时，总包单位应派人参加。验收合格后，分包单位应将所分包工程的质量控制资料整理完整后，移交给总包单位。建设单位组织单位工程质量验收时，分包单位负责人应参加验收。

（2）验收

建设单位收到施工单位提交的工程竣工报告和完整的质量控制资料，以及项目监理机构提交的工程质量评估报告后，由建设单位项目负责人组织设计、勘察、监理、施工等单位的项目负责人进行单位工程验收。验收合格，参验各方在单位工程质量竣工验收记录［表式见《建筑工程施工验收统一标准》（GB 50300—2013）表 H.0.1-1］上签字、盖章。对验收中提出的整改问题，项目监理机构应督促施工单位及时整改。工程质量符合要求的，总监理工程师应在工程竣工验收报告中签署验收意见。

表 H.0.1-1 单位工程质量竣工验收记录

工程名称			结构类型		层数/建筑面积	
施工单位			技术负责人		开工日期	
项目负责人			项目技术负责人		完工日期	
序号	项目			验收记录	验收结论	
1	分部工程验收			共___分部，经查符合设计及标准规定____分部		
2	质量控制资料核查			共__项，经核查符合规定__项		
3	安全和使用功能核查及抽查结果			共核查____项，符合规定____项，共抽查____项，符合规定____项，经返工处理符合规定_____项		
4	观感质量验收			共抽查____项，达到"好"和"一般"的____项，经返修处理符合要求的_____项		
5	综合验收结论					
参加验收单位	建设单位	监理单位	施工单位	设计单位	勘察单位	
	（公章）项目负责人：年月日	（公章）总监理工程师：年月日	（公章）项目负责人：年月日	（公章）项目负责人：年月日	（公章）项目负责人：年月日	

《建设工程质量管理条例》规定，建设工程竣工验收应当具备下列条件：

1）完成建设工程设计和合同约定的各项内容；

2）有完整的技术档案和施工管理资料；

3）有工程使用的主要建筑材料、建筑构配件和设备的进场试验报告；

4）有勘察、设计、施工、工程监理等单位分别签署的质量合格文件；

5）有施工单位签署的工程保修书。

2．单位（子单位）工程质量验收合格的规定

（1）所含分部（子分部）工程的质量均应验收合格；

（2）质量控制资料应完整；

（3）所含分部工程中有关安全、节能、环境保护和主要使用功能等的检验资料应完整；

（4）主要使用功能的抽查结果应符合相关专业质量验收规范的规定；

（5）观感质量应符合要求。

单位工程质量验收也称质量竣工验收，是建筑工程投入使用前的最后一次质量验收，也是最重要的一次质量验收。参建各方责任主体和有关单位及人员，应加以重视，认真做好单位工程质量竣工验收，把好工程质量关。

六、隐蔽工程质量验收

隐蔽工程是指在下道工序施工后将被覆盖或掩盖，不易进行质量检查的施工部位，如钢筋混凝土工程中的钢筋工程，地基与基础工程中的混凝土基础和桩基础等。因此隐蔽工程完成后，在被覆盖或掩盖前必须进行隐蔽工程质量验收。隐蔽工程可能是一个检验批，也可能是一个分项工程或子分部工程，因此可按检验批或分项工程、子分部工程进行验收。

隐蔽工程质量验收应由专业监理工程师组织施工单位项目专业质量检查员、专业工长等进行。施工单位应对隐蔽工程质量进行自检，合格后填写隐蔽工程质量验收记录、隐蔽工程报审/报验表（格式如《检验批报审/验表》），并报送项目监理机构申请验收；专业监理工程师对施工单位所报资料进行审查，并组织相关人员到验收现场进行实体检查、验收。对验收不合格的工程，专业监理工程师应要求施工单位进行整改，施工单位整改完成自检合格后予以复查；对验收合格的工程，专业监理工程师应签认隐蔽工程报审/验表及质量验收记录，准予进行下一道工序施工。

5.6 质量事故处理

工程质量事故是指由于建设、勘察、设计、施工、监理等单位违反工程质量有关法律法规和工程建设标准，使工程产生结构安全、重要使用功能等方面的质量缺陷，造成人身伤亡或者重大经济损失的事故。

5.6.1 质量事故分析

进行工程质量事故分析的主要依据：

（1）相关的法律法规；

（2）具有法律效力的工程承包合同或分包合同、设计委托合同、材料或设备购销合同以

及建设监理合同等合同文件；

（3）质量事故的实况资料；

（4）有关的工程技术文件、资料、档案。

应在全面了解工程质量事故情况的基础上，根据法律法规、合同文件、规范标准等，对工程事故做出科学的认证，找出工程事故发生的原因及责任的承担者。

5.6.2　质量事故处理

一、工程质量事故处理程序

工程质量事故发生后，项目监理机构可按以下程序进行处理，如图 5-1 所示。

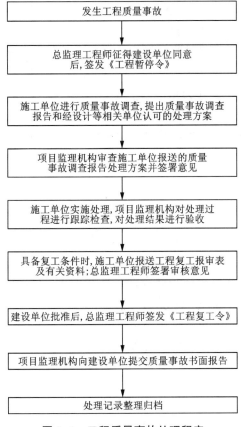

图 5-1　工程质量事故处理程序

（1）工程质量事故发生后，总监理工程师应签发《工程暂停令》，要求暂停工程质量事故部位和与其有关联部位的施工，要求施工单位采取必要的措施，防止事故扩大并保护好现场。同时，要求工程质量事故发生单位迅速按类别和等级向相应的主管部门上报。项目监理机构也应视情况向监理单位报告。

（2）项目监理机构要求施工单位进行质量事故调查、分析质量事故产生的原因，并提交质量事故调查报告。对于由质量事故调查组处理的，项目监理机构应积极配合，客观地提供相应证据。

(3)根据施工单位的质量调查报告或质量事故调查组提出的处理意见,项目监理机构可要求施工单位完成技术处理方案,或提请建设单位要求设计单位完成技术处理方案。质量事故技术处理方案一般由施工单位提出,经原设计单位同意签认,并报建设单位批准。对于涉及结构安全和加固处理等的重大技术处理方案,一般由原设计单位提出。必要时,应要求相关单位组织专家论证,以确保处理方案可靠、可行、保证结构安全和使用功能。

(4)技术处理方案经相关各方签认后,项目监理机构应要求施工单位制定详细的施工方案,对处理过程进行跟踪检查,对处理结果进行验收,必要时应组织有关单位对处理结果进行鉴定。

(5)质量事故处理完毕后,具备工程复工条件时,施工单位提出复工申请,项目监理机构应审查施工单位报送的工程复工报审表及有关资料,符合要求后,总监理工程师签署审核意见,报建设单位批准后,签发工程复工令。

(6)质量事故处理完毕后,项目监理机构应及时向建设单位提交质量事故书面报告,并应将完整的质量事故处理记录整理归档。

二、工程质量事故处理的基本方法

工程质量事故处理包括工程质量事故处理方案的确定,工程质量事故处理后的鉴定验收。其目的是消除质量缺陷,以达到建筑物的安全可靠和正常使用功能及寿命要求,并保证后续施工的正常进行。处理的基本要求是安全、可靠,不留隐患,技术可行,经济合理,满足建筑物的功能和使用要求。

事故可采用以下方法:

(1)修补处理。这是最常用的一类处理方案。当工程质量虽未达到规定的规范、标准或设计要求,存在一定缺陷,但通过修补或更换构配件、设备后,可达到相关要求,同时又不影响使用功能和外观要求时,可以进行修补处理。

(2)返工处理。当工程质量未达到规定的标准和要求,存在严重质量缺陷,对结构的使用和安全构成重大影响,且又无法通过修补处理的情况下,可对工程部分或整体返工处理。

(3)不做处理。某些工程质量缺陷虽然不符合规定的要求和标准构成质量事故,但经过分析、论证、法定检测单位鉴定和设计等有关单位认可,对工程或结构使用及安全影响不大,也可不做专门处理。

三、质量事故处理的鉴定验收

质量事故的技术处理是否达到了预期目的,是否消除了工程质量不合格和工程质量缺陷,是否仍留有隐患,项目监理机构应通过组织检查和必要的鉴定,对此进行验收并予以最终确认。

1.检查验收

工程质量事故处理完成后,项目监理机构在施工单位自检合格的基础上,应严格按照工程验收标准及有关规范的规定进行检查,依据质量事故技术处理方案的要求,通过实际量测、试验检验、检查各种资料数据等方法进行验收,并应办理验收手续,组织参验各有关单位会签。

2. 必要的鉴定

为确保工程质量事故的处理效果，凡涉及结构承载力等使用安全和其他重要性能的处理工作，需做必要的试验和检验鉴定工作。

3. 验收结论

对所有质量事故无论经过技术处理，通过检查鉴定验收还是不需专门处理的，均应有明确的书面结论。若对后续工程施工有特定要求，或对建筑物使用有一定限制条件，应在结论中提出。验收结论通常有以下几种：

（1）事故已排除，可以继续施工；

（2）隐患已消除，结构安全有保证；

（3）经修补处理后，完全能够满足使用要求；

（4）基本上满足使用要求，但使用时应有附加限制条件，例如限制荷载等；

（5）对耐久性的结论；

（6）对建筑物外观影响的结论；

（7）对短期内难以作出结论的，可提出进一步观测检验意见。

处理后符合《建筑工程施工质量验收统一标准》（GB 50300—2013）规定的，项目监理机构应予以验收、确认，并应注明责任方承担的经济责任。对经加固补强或返工处理仍不能满足安全使用要求的分部工程、单位（子单位）工程，应拒绝验收。

本章小结

本章主要介绍建设工程质量控制内容。要求掌握质量控制的概念、影响质量的主要因素、质量验收的划分与质量验收工作，熟悉质量控制的任务、质量控制系统与质量控制过程管理，理解建筑工程质量的特点与控制原则，了解质量事故处理的基本内容。

练习题

1. 质量控制的概念。

2. 质量控制任务的内容。

3. 简述影响质量控制的主要因素。

4. 建筑工程质量的特点。

5. 建筑工程质量控制的原则是什么？

6. 施工质量验收层次划分的目的。

7. 单位工程、分部工程、分项工程与检验批的基本概念。

8. 建筑工程施工质量验收合格的要求。

9. 单位工程合格的标准是什么？

10. 分部工程合格的标准是什么？

11. 分项工程合格的标准是什么？

12. 检验批合格的标准是什么？

13. 简述质量事故处理的基本方法。

第6章 建设工程进度控制

6.1 进度控制

控制建设工程进度，不仅能够确保工程建设项目按预定的时间交付使用，及时发挥投资效益，而且有益于维持国家良好的经济秩序。监理工程师应采用科学的控制方法和手段来控制工程项目的建设进度。

6.1.1 进度控制

建设工程进度控制是指在建设工程项目建设过程中，根据进度总目标及资源优化配置的原则编制计划并付诸实施，然后在进度计划的实施过程中检查实际进度是否按计划要求进行，对出现的偏差情况进行分析，采取补救措施或调整、修改原计划后再付诸实施，如此循环，直到建设工程竣工验收交付使用。建设工程进度控制的最终目的是确保建设项目按预定的时间动用或提前交付使用。

进度控制是监理工程师的主要任务之一。在工程建设过程中存在着许多影响进度的因素，这些因素往往来自不同的部门和不同的时期，对建设工程进度产生着复杂的影响，因此，进度控制人员必须事先对影响建设工程进度的各种因素进行调查分析，预测它们对建设工程进度的影响程度，确定合理的进度控制目标，编制可行的进度计划，使工程建设工作始终按计划进行。

但是，不管进度计划的周密程度如何，毕竟都是人们的主观设想，在实施过程中，会因为新情况的产生、各种干扰因素和风险因素的作用而发生变化，使人们难以执行原定的进度计划。为此，进度控制人员必须掌握动态控制原理，在计划执行过程中不断检查建设工程项目实际进展情况，并将实际状况与计划安排进行对比，从中找出偏离计划的信息，然后在分析偏差及其产生原因的基础上，采取组织、技术、经济、合同等措施，维持原计划，使之能正常实施。如果采取措施后不能维持原计划，则需要对原进度计划进行调整或修正，再按新的进度计划实施。在执行过程中需不断地检查和调整进度计划，以保证建设工程进度得到有效控制。

6.1.2 进度控制任务

为了有效地控制建设工程进度，监理工程师要在设计准备阶段向建设单位提供有关工期的信息，协助建设单位确定工期总目标，并进行环境及施工现场条件的调查和分析。在设计阶段和施工阶段，监理工程师不仅要审查设计单位和施工单位提交的进度计划，还要编制监理进度计划，以确保进度控制目标的实现。

建设工程施工阶段进度控制的任务：

(1)编制施工总进度计划，并控制其执行；

(2)编制单位工程施工进度计划，并控制其执行；

(3)编制工程年、季、月、旬实施计划，并控制其执行。

6.2　影响进度的主要因素

6.2.1　影响进度的主要因素

工程建设过程中，影响进度的主要影响因素如下：

(1)业主因素。如因业主使用要求改变而进行设计变更；应提供的施工场地条件不能及时提供或所提供的场地不能满足工程正常需要；不能及时向施工承包单位或材料供应商付款等。

(2)勘察设计因素。如勘察资料不准确，特别是地质资料错误或遗漏；设计内容不完善，规范应用不恰当，设计有缺陷或错误；设计对施工的可能性未考虑或考虑不周；施工图纸供应不及时、不配套，或出现重大差错等。

(3)施工技术因素。如施工工艺错误；不合理的施工方案；施工安全措施不当；不可靠技术的应用等。

(4)自然环境因素。如复杂的工程地质条件；不明的水文气象条件；地下埋藏文物的保护、处理；洪水、地震、台风等不可抗力等。

(5)社会环境因素。如外单位临近工程施工干扰；节假日交通、市容整顿的限制；临时停水、停电、断路；在国外常见的法律及制度变化，经济制裁，战争、骚乱、罢工、企业倒闭等。

(6)组织管理因素。如向有关部门提出各种申请审批手续的延误；合同签订时遗漏条款、表达失当；计划安排不周密，组织协调不力，导致停工待料、相关作业脱节；领导不力，指挥失当，使参加工程建设的各个单位、各个专业、各个施工过程之间交接、配合上发生矛盾等。

(7)材料、设备因素。如材料、构配件、机具、设备供应环节的差错，品种、规格、质量、数量、时间不能满足工程的需要；特殊材料及新材料的不合理使用；施工设备不配套，选型失当，安装失误，有故障等。

(8)资金因素。如有关方拖欠资金，资金不到位，资金短缺；汇率浮动和通货膨胀等。

6.2.2　控制对策

(1)针对业主因素。提前做好准备工作，需要考虑的因素要经多方研究，反复对比，一旦确定方案，非特殊情况不得随意变动；实施过程中，需要业主协调解决的问题，在监理单位的帮助下，提前做好计划，做到未雨绸缪。

(2)针对勘察设计因素。业主应选择技术能力强的勘察设计单位，在勘察、设计过程中，随时掌握勘察、设计进程与质量，发现异常情况，及时处理。

(3)针对施工技术因素。认真编制施工组织设计并严格执行。做好施工组织设计交底工作，保证参建人员熟悉工艺流程，明确各自的工作职责。

（4）针对自然环境因素。提前了解项目环境情况，采取有针对性的预防措施，制定好不同情况下的应急预案。

（5）针对社会环境因素。业主应采取有效措施，为建设项目的实施创造良好的外部环境，同时预防可能发生的不利情况。

（6）针对组织管理因素。参建各单位做好组织协调工作；业主牵头做好各参建单位之间的组织协调工作；各参建单位做好各自单位内部的组织协调工作；选用组织协调能力强的领导。

（7）针对材料、设备因素。做好材料、设备使用计划，核对清楚规格型号，建立健全入库、进场检验制度，发现不符合实际情况时，及时报告。

（8）针对资金因素。做好资金使用计划，按照项目进度使用资金要求，提前做好流动资金准备；对可能发生的资金困难准备应急方案。

6.3　建设工程进度的特点

1. 可预见性

建设工程项目从开工实施至竣工结束具有内在规律，通过对过去的建设工程项目进度完成情况进行研究，可以从中总结出规律，为今后的进度控制提供有效参考，从而可以预见即将实施的建设工程项目进度情况。但由于影响建设工程进度控制的因素繁多，有些因素会随时间、地点、环境、气候等多方面的变化而变化（如适宜施工的天气条件每天都不一样），故在建设工程进度控制的过程中也要注意未来情况与当前经验存在的偏差，即所预见的情况不是100%准确的。

2. 完整性

一个建设工程项目是一个完整的整体，任何一部分都不可或缺，因此，对建设工程项目的进度控制也必然是完整的。对建设工程项目进度控制要从全面的、整体的角度考虑，既注重细节，也要通盘谋划，任何不周全都会影响建设工程进度控制。不可挂一漏万，必须做到面面俱到、细致入微。

3. 连贯性

建设工程项目从开工实施至竣工结束的内在规律，决定了建设工程项目进度是有序连贯进行的，从开始至结束按照固有规律性线性渐次推进，不会因主观因素而改变，建设工程项目进度控制时必须遵循其内在规律。

4. 不可逆性

建设工程进度实施过程中，已实施过的部分不论在进度控制时有任何问题，既已完成就形成了事实，这个事实不能有任何修正的可能（产生的后果可能可以利用后面的时间进行调整，但已花费的时间则无法做任何改变），时光流逝不倒流，只能将此经验教训指导以后的进度控制，避免发生类似情况。

6.4　建设工程进度控制原则

1. 早发现早预防早处理

基于建设工程项目进度控制不可逆性的特点，对进度控制存在的问题应力求早发现，越早越好，早发现早预防，可用于处理的时间才更长，解决问题的效果就越好，否则，没有时间预防、处理，再好的方法、措施也无济于事，皮之不存，毛将焉附。

2. 根据实际发生情况预测未来情况

对未来的预测都是基于对过去类似情况的规律总结，这与实际发生的情况之间必然存在偏差，进度控制中特别需要注意这些情况。实际发生的情况是最准确的，以此为依据调整对进度控制的预测无疑也是最符合实际的。

3. 进度控制需要随时随地进行调整

计划永远撵不上变化。预测的准确性随着时间越接近实际发生的情况会越来越准确。进度控制过程中，应随时随地地注意实际发生的情况，根据实际变化情况及时调整进度控制以便使其更加符合实际情况，从而使进度控制更加准确。

6.5　进度控制主要工作

6.5.1　进度控制管理

为了实施进度控制，监理工程师必须根据建设工程的具体情况，认真制定进度控制措施，以确保建设工程进度控制目标的实现。进度控制的措施应包括组织措施、技术措施、经济措施及合同措施。

1. 组织措施

进度控制的组织措施主要如下：

(1)建立进度控制目标体系，明确建设工程现场监理组织机构中进度控制人员及其职责分工；

(2)建立工程进度报告制度及进度信息沟通网络；

(3)建立进度计划审核制度和进度计划实施中的检查分析制度；

(4)建立进度协调会议制度，包括协调会议举行的时间、地点，协调会议的参加人员等；

(5)建立图纸审查、工程变更和设计变更管理制度。

2. 技术措施

进度控制的技术措施主要如下：

(1)审查施工单位提交的进度计划，使施工单位能在合理的状态下施工；

(2)编制进度控制工作细则，指导监理人员实施进度控制；

(3)采用网络计划技术及其他科学适用的计划方法，并结合电子计算机的应用，对建设工程进度实施动态控制。

3. 经济措施

进度控制的经济措施主要如下：

(1)及时办理工程预付款及工程进度款支付手续；

(2)对应急赶工给予优厚的赶工费用；

(3)对工期提前给予奖励；

(4)对工程延误收取误期损失赔偿金。

4. 合同措施

进度控制的合同措施主要如下：

(1)推行承发包模式，对建设工程实行分段设计、分段发包和分段施工；

(2)加强合同管理，协调合同工期与进度计划之间的关系，保证合同中进度目标的实现；

(3)严格控制合同变更，对各方提出的工程变更和设计变更，监理工程师应严格审查后再补充入合同文件之中；

(4)加强风险管理，在合同中应充分考虑风险因素及其对进度的影响，以及相应的处理方法；

(5)加强索赔管理，公正地处理索赔。

6.5.2 进度控制主要任务

监理工程师要在设计准备阶段向建设单位提供有关工期的信息，协助建设单位确定工期总目标，并进行环境及施工现场条件的调查和分析。在设计阶段和施工阶段，监理工程师不仅要审查设计单位和施工单位提交的进度计划，而且要编制监理进度计划，以确保进度控制目标的实现。

1. 设计准备阶段进度控制的任务

(1)收集有关工期的信息，进行工期目标和进度控制决策；

(2)编制工程项目总进度计划；

(3)编制设计准备阶段详细工作计划，并控制其执行；

(4)进行环境及施工现场条件的调查和分析。

2. 设计阶段进度控制的任务

(1)编制设计阶段工作计划，并控制其执行；

(2)编制详细的出图计划，并控制其执行。

3. 施工阶段进度控制的任务

(1)编制施工总进度计划，并控制其执行；

(2)编制单位工程施工进度计划，并控制其执行；

(3)编制工程年、季、月、旬实施计划，并控制其执行。

施工阶段是建设工程实体的形成阶段，对其进度实施控制是建设工程进度控制的重点。监理工程师受业主的委托在建设工程施工阶段实施监理时，其进度控制的总任务就是在满足工程项目建设总进度计划要求的基础上，编制或审核施工进度计划，并对其执行情况加以动态控制，以保证工程项目按期竣工交付使用。

6.5.3　施工进度计划控制

一、施工进度计划控制工作

1. 施工进度控制目标的确定

为了加快进度计划的预见性和进度控制的主动性，在确定施工进度控制目标时，必须全面细致地分析与建设工程进度有关的各种有利因素和不利因素，从而制定出一个科学、合理的进度控制目标。确定施工进度控制目标的主要依据有建设工程总进度目标对施工工期的要求，工期定额、类似工程项目的实际进度，工程难易程度和工程条件的落实情况等。

确定施工进度分解目标时，要考虑以下几个方面：

(1) 对于大型建设工程项目，应根据尽早提供可动用单元的原则，集中力量分期分批建设，以便尽早投入使用，尽快发挥投资效益。为保证每一动用单元能形成完整的生产能力，要考虑这些动用单元交付使用时所必需的全部配套项目。因此，要处理好前期动用和后期建设的关系、每期工程中主体工程与辅助及附属工程之间的关系等。

(2) 合理安排土建与设备的综合施工。要按照它们各自的特点，合理安排土建施工与设备基础、设备安装的先后顺序及搭接、交叉或平行作业，明确设备工程对土建工程的要求和土建工程为设备工程提供施工条件的内容及时间。

(3) 结合本工程的特点，参考同类建设工程的经验来确定施工进度目标。避免只按主观愿望盲目确定进度目标，从而在实施过程中造成进度失控。

(4) 做好资金供应能力、施工力量配备、物资(材料、构配件、设备)供应能力与施工进度的平衡工作，确保工程进度目标的要求而不使其落空。

(5) 考虑外部协作条件的配合情况。包括施工过程中及项目竣工时所需的水、电、气、通信、道路及其他社会服务项目的满足程度和满足时间。它们必须与有关项目的进度目标相协调。

(6) 考虑工程项目所在地区地形、地质、水文、气象等方面的限制条件。

要想对工程项目的施工进度实施控制，就必须有明确、合理的进度目标(进度总目标和进度分目标)，否则，控制便失去了意义。

2. 施工进度控制工作内容

建设工程施工进度控制工作从审核承包单位提交的施工进度计划开始，直到建设工程保修期满为止，其工作内容主要如下：

(1) 编制施工进度控制工作细则。施工进度控制工作细则，是在建设工程监理规划的指导下，由项目监理机构中进度控制部门的监理工程师，负责编制的更具有实施性和操作性的监理业务文件。其主要内容如下：

1) 施工进度控制目标分解图；

2) 施工进度控制的主要工作内容和深度；

3) 进度控制人员的职责分工；

4) 与进度控制有关各项工作的时间安排及工作流程；

5) 进度控制的方法(包括进度检查周期、数据采集方式、进度报表格式、统计分析方法等)；

6) 进度控制的具体措施(包括组织措施、技术措施、经济措施和合同措施等)；

7）施工进度控制目标实现的风险分析；

8）尚待解决的有关问题。

施工进度控制工作细则是对有关进度控制内容的进一步深化和补充。

（2）编制或审核施工进度计划。对于大型建设工程，如果单位工程较多、施工工期较长，且采取分期分批发包又没有一个负责全部工程的总承包单位时，就需要监理工程师编制施工总进度计划；或者当建设工程由若干个承包单位平行承包时，监理工程师也有必要编制施工总进度计划。施工总进度计划应确定分期分批的项目组成；各批工程项目的开工、竣工顺序及时间安排；全场性准备工程，特别是首批准备工程的内容与进度安排等。当建设工程有总承包单位时，监理工程师只需对总承包单位提交的施工总进度计划进行审核即可。对于单位工程施工进度计划，监理工程师只负责审核而不需要编制。

编制和实施施工进度计划是施工单位的责任。监理工程师对施工进度计划的审查或批准，并不解除施工单位对施工进度计划的任何责任和义务。

（3）按年、季、月编制审核工程综合计划。在按计划期编制或审核进度计划时，监理工程师应着重解决各施工单位施工进度计划之间、施工进度计划与资源（包括资金、设备、机具、材料及劳动力）保障计划之间及外部协作条件的延伸性计划之间的综合平衡与相互衔接问题，并根据上期计划的完成情况对本期计划作必要的调整，从而作为施工单位近期执行的指令性计划。

（4）下达工程开工令。监理工程师应根据施工单位和建设单位双方关于工程开工的准备情况，选择合适的时机发布工程开工令。工程开工令的发布，要尽可能及时。因为从发布工程开工令之日算起，加上合同工期后即为工程竣工日期。如果开工令发布拖延，就等于推迟了竣工时间，甚至可能引起施工单位的索赔。

为了检查双方的准备情况，监理工程师应参加由建设单位主持召开的第一次工地会议。建设单位应按照合同规定，做好征地拆迁工作，及时提供施工用地。同时，还应当完成法律及财务方面的手续，以便能及时向施工单位支付工程预付款。施工单位应当准备好开工所需要的人力、材料及设备，同时还要按合同规定为监理工程师提供各种条件。

（5）协助施工单位实施进度计划。监理工程师要随时了解施工进度计划执行过程中存在的问题，并帮助施工单位予以解决，特别是施工单位无力解决的内外关系协调问题。

（6）监督施工进度计划的实施。这是建设工程施工进度控制的经常性工作。监理工程师不仅要及时检查施工单位报送的施工进度报表和分析资料，还要进行必要的现场实地检查，核实所报送的已完项目的时间及工程量，杜绝虚报现象。

（7）组织现场协调会。监理工程师应每月、每周定期组织召开不同层级的现场协调会议，以解决工程施工过程中的相互协调配合问题。在每月召开的协调会上通报工程项目建设的重大变更事项，协商其产生的后果，处理解决各个施工单位之间以及建设单位与施工单位之间的重大协调配合问题。在每周召开的协调会上，通报各自进度状况、存在的问题及下周的安排，解决施工中的相互协调配合问题。通常包括各施工单位之间的进度协调问题；工作面交接和阶段的成品保护责任问题；场地与公用设施利用中的矛盾问题；某一方面断水、断电、断路、开挖要求对其他方面影响的协调问题以及资源保障、外协条件配合问题等等。

对于某些未曾预料的突发变故或问题，监理工程师可以通过发布紧急协调指令，督促有关单位采取应急措施维护施工的正常秩序。

(8)签发工程进度款支付凭证。监理工程师应对施工单位申报的已完分部、分项工程的工程量进行核实，在质量监理人员检查验收后，签发工程进度款支付凭证。

(9)审批工程延期。监理工程师对于施工进度的拖延，是否批准为工程延期，对施工单位和建设单位都十分重要。如果施工单位得到监理工程师批准的工程延期，不仅可以不赔偿由于工期延长而支付的误期损失费，而且要由建设单位承担由于工期延长所增加的费用。详见9.8节内容。

(10)向建设单位提供进度报告。监理工程师应随时整理进度资料，并做好工程记录，定期向建设单位提交工程进度报告。

(11)督促施工单位整理技术资料。监理工程师要根据工程进展情况，督促施工单位及时整理有关技术资料。

(12)签署工程竣工报验单，提交质量评估报告。当单位工程达到竣工验收条件后，施工单位在自行预验的基础上提交工程竣工报验单，申请竣工验收。监理工程师在对竣工资料及工程实体进行全面检查、验收合格后，签署工程竣工报验单，并向建设单位提出质量评估报告。

(13)整理工程进度资料。在工程完工以后，监理工程师应将工程进度资料收集起来，进行归类、编目和建档，以便为今后其他类似工程项目的进度控制提供参考。

(14)工程移交。监理工程师应督促施工单位办理工程移交手续，颁发工程移交证书。在工程移交后的保修期内，还要处理验收后质量问题的原因及责任等争议问题，并督促责任单位及时修理。当保修期结束且再无争议时，建设工程进度控制的任务即告完成。

二、施工进度计划的审查

工程项目开工前，项目监理机构应审查施工单位报审的施工总进度计划和阶段性施工进度计划，提出审查意见，并应由总监理工程师审核后报建设单位。

施工进度计划审查应包括下列基本内容：

(1)施工进度计划应符合施工合同中关于工期的约定。施工单位编制的施工总进度计划必须符合施工合同约定的工期要求，满足施工总工期的目标要求，阶段性进度计划必须与总进度计划目标相一致。将施工总进度计划分解成阶段性施工进度计划是为了确保总进度计划的完成。因此，阶段性进度计划更应具有可操作性。

(2)施工进度计划中主要工程项目无遗漏，应满足分批投入试运、分批动用的需要，阶段性施工进度计划应满足总进度控制目标的要求。

(3)施工顺序的安排应符合施工工艺要求。

(4)施工人员、工程材料、施工机械等资源供应计划应满足施工进度计划的需要。

(5)施工进度计划应符合建设单位提供的资金、施工图纸、施工场地、物资等施工条件。

6.5.4　施工总进度计划编制

施工进度计划是表示各项工程(单位工程、分部工程或分项工程)的施工顺序、开始和结束时间以及相互衔接关系的计划。它既是施工单位进行现场施工管理的核心指导文件，也是监理工程师实施进度控制的依据。施工进度计划通常是按工程对象编制的。

施工总进度计划一般是建设工程项目的施工进度计划。它是用来确定建设工程项目中所包含的各单位工程的施工顺序、施工时间及相互衔接关系的计划。编制施工总进度计划的依据有施工总方案；资源供应条件；各类定额资料；合同文件；工程项目建设总进度计划；工程动用时间目标；建设地区自然条件及有关技术经济资料等。

施工总进度计划的编制步骤和方法如下：

1. 计算工程量

根据批准的工程项目一览表，按单位工程分别计算其主要实物工程量，不仅是为了编制施工总进度计划，而且为了编制施工方案和选择施工、运输机械，初步规划主要施工过程的流水施工，以及计算人工、施工机械及建筑材料的需要量。因此，工程量只需粗略地计算即可。

2. 确定各单位工程的施工期限

各单位工程的施工期限应根据合同工期确定，同时还要考虑建筑类型、结构特征、施工方法、施工管理水平、施工机械化程度及施工现场条件等因素。如果在编制施工总进度计划时没有合同工期，则应保证计划工期不超过工期定额。

3. 确定各单位工程的开竣工时间和相互搭接关系

确定各单位工程的开竣工时间和相互搭接关系主要应考虑以下几点：

（1）同一时期施工的项目不宜过多，以避免人力、物力过于分散。

（2）尽量做到均衡施工，以使劳动力、施工机械和主要材料的供应在整个工期范围内达到均衡。

（3）尽量提前建设可供工程施工使用的永久性工程，以节省临时工程费用。

（4）急需和关键的工程先施工，以保证工程项目如期交工。对于某些技术复杂、施工周期较长、施工困难较多的工程，亦应安排提前施工，以利于整个工程项目按期交付使用。

（5）施工顺序必须与主要生产系统投入生产的先后次序相吻合。同时还要安排好配套工程的施工时间，以保证建成的工程能迅速投入生产或交付使用。

（6）应注意季节对施工顺序的影响，使施工季节不导致工期拖延，不影响工程质量。

（7）安排一部分附属工程或零星项目作为后备项目，用于调整主要项目的施工进度。

（8）注意主要工种和主要施工机械能连续施工。

4. 编制初步施工总进度计划

施工总进度计划应安排全工地性的流水作业。全工地性的流水作业安排应以工程量大、工期长的单位工程为主导，组织若干条流水线，并以此带动其他工程。施工总进度计划既可以用横道图表示，也可以用网络图表示。

5. 编制正式施工总进度计划

初步施工总进度计划编制完成后，要对其进行检查。主要是检查总工期是否符合要求，资源使用是否均衡且其供应是否能得到保证。如果出现问题，则应进行调整。调整的主要方法是改变某些工程的起止时间或调整主导工程的工期。如果是网络计划，则可以利用计算机分别进行工期优化、费用优化及资源优化。当初步施工总进度计划经过调整符合要求后，即可编制正式的施工总进度计划。正式的施工总进度计划确定后，应据此编制劳动力、材料、大型施工机械等资源的需用量计划，以便组织供应，保证施工总进度计划的实现。

6.5.5　单位工程进度计划编制

单位工程施工进度计划是在既定施工方案的基础上，根据规定的工期和各种资源供应条件，对单位工程中的各分部、分项工程的施工顺序、施工起止时间及衔接关系进行合理安排的计划。其编制的主要依据有施工总进度计划；单位工程施工方案；合同工期和定额工期；施工定额；施工图和施工预算；施工现场条件；资源供应条件；气象资料等。

1. 划分工作项目

工作项目是包括一定工作内容的施工过程，它是施工进度计划的基本组成单元。工作项目内容的多少，划分的粗细程度，应该根据计划的需要来决定。对于大型建设工程，经常需要编制控制性施工进度计划，此时工作项目可以划分得粗一些，一般只明确到分部工程即可；一般情况下，单位工程施工进度计划中的工作项目应明确到分项工程或更具体，以满足指导施工作业、控制施工进度的要求。

2. 确定施工顺序

确定施工顺序是为了按照施工的技术规律和合理的组织关系，解决各工作项目之间在时间上的先后和搭接问题，以达到保证质量、安全施工、充分利用空间、争取时间、实现合理安排工期的目的。不同的工程项目，其施工顺序不同。即使是同一类工程项目，其施工顺序也难以做到完全相同。因此，在确定施工顺序时，必须根据工程的特点、技术组织要求以及施工方案等进行研究，不能拘泥于某种固定的顺序。

3. 计算工程量

工程量的计算应根据施工图和工程量计算规则，针对所划分的每一个工作项目进行。当编制施工进度计划时已有预算文件，且工作项目的划分与施工进度计划一致时，可以直接套用施工预算的工程量，不必重新计算。

4. 计算劳动量和机械台班数

根据工程量，使用劳动定额、机械台班定额换算计算出工作项目的劳动量和机械台班数。

5. 确定工作项目的持续时间

劳动量和机械台班确定后，进而确定出每个工作项目的持续时间。

在安排每班工人数和机械台数时，应综合考虑以下问题：

(1) 要保证各个工作项目上工人班组中每一个工人拥有足够的工作面（不能少于最小工作面），以发挥高效率并保证施工安全。

(2) 要使各个工作项目上的工人数量不低于正常施工时所必需的最低限度（不能小于最小劳动组合），以达到最高的劳动生产率。

最小工作面限定了每班安排人数的上限，而最小劳动组合限定了每班安排人数的下限。对于施工机械台数的确定也是如此。

6. 绘制施工进度计划图

绘制施工进度计划图，首先应选择施工进度计划的表达形式。目前，常用来表达建设工程施工进度计划的方法有横道图和网络图两种形式。横道图比较简单，而且非常直观，多年来被人们广泛地用于表达施工进度计划，并以此作为控制工程进度的主要依据。采用横道图控制工程进度具有一定的局限性。随着计算机的广泛应用，网络计划技术日益受到人们的青睐，网络图能够更清晰地表达各工序之间的内在联系与相互之间的逻辑关系。

7.施工进度计划的检查与调整

当施工进度计划初始方案编制好后，需要对其进行检查与调整，以便使进度计划更加合理，进度计划检查的主要内容如下：

(1)各工作项目的施工顺序、平行搭接和技术间歇是否合理。

(2)总工期是否满足合同规定。

(3)主要工种的工人是否能满足连续、均衡施工的要求。

(4)主要机具、材料等的利用是否均衡和充分。

在上述四个方面中，首要的是前两方面的检查，如果不满足要求，必须进行调整。只有在前两个方面均达到要求的前提下，才能进行后两个方面的检查与调整。前者是解决可行与否的问题，而后者则是优化的问题。

6.5.6 进度计划的审查

在工程项目开工前，项目监理机构应审查施工单位报审的施工总进度计划和阶段性施工进度计划，提出审查意见，并应由总监理工程师审核后报建设单位。

施工进度计划审查应包括下列基本内容：

(1)施工进度计划应符合施工合同中工期的约定。施工单位编制的施工总进度计划必须符合施工合同约定的工期要求，满足施工总工期的目标要求，阶段性进度计划必须与总进度计划目标相一致。将施工总进度计划分解成阶段性施工进度计划，是为了确保总进度计划的完成。因此，阶段性进度计划更应具有可操作性。

(2)施工进度计划中主要工程项目无遗漏，应满足分批投入试运、分批动用的需要，阶段性施工进度计划应满足总进度控制目标的要求。

(3)施工顺序的安排应符合施工工艺要求。

(4)施工人员、工程材料、施工机械等资源供应计划应满足施工进度计划的需要。

(5)施工进度计划应符合建设单位提供的资金、施工图纸、施工场地、物资等施工条件。

项目监理机构收到施工单位报审的施工总进度计划和阶段性施工进度计划时，应对照合同条文所述的内容进行审查，提出审查意见。发现问题时，应以监理通知的方式及时向施工单位提出书面修改意见，并对施工单位调整后的进度计划重新进行审查，发现重大问题时应及时向建设单位报告。施工进度计划经总监理工程师审核签认，并报建设单位批准后方可实施。

6.5.7 监理机构的进度计划

监理单位的项目监理机构除对被监理单位的进度计划进行监控外，自己应编制有关进度计划，以便更有效地控制建设工程实施进度。

1.监理单位编制监理总进度计划

监理总进度计划是依据工程项目可行性研究报告、工程项目前期工作计划和工程项目建设总进度计划编制的，其目的是对建设工程进度控制总目标进行规划，明确建设工程前期准备、设计、施工、动用前准备及项目动用等各个阶段的进度安排。对建设工程实施全过程监理时，应编制监理总进度计划。

2. 监理单位编制监理总进度分解计划

(1)按工程进展阶段分解,包括①设计准备阶段进度计划;②设计阶段进度计划;③施工阶段进度计划;④动用前准备阶段进度计划。

(2)按时间分解,包括①年度进度计划;②季度进度计划;③月度进度计划。

本章小结

本章介绍建设工程进度控制内容。要求熟悉建设工程进度控制的基本内容,理解影响建设工程进度的主要因素,掌握建设工程进度控制的主要工作内容。

练习题

1. 建设工程进度控制的基本内容。

2. 建设工程施工阶段进度控制的任务是什么?

3. 影响建设工程进度的主要因素。

4. 建设工程进度控制的主要任务。

5. 建设工程施工进度控制工作内容。

6. 施工总进度计划的编制步骤和方法。

7. 建设工程进度计划的审查。

8. 项目监理机构怎样控制自己的监理工作进度计划。

第7章 建设工程投资控制

建设工程项目投资是指进行某项工程建设花费的全部费用。生产性建设工程项目总投资包括建设投资和铺底流动资金两部分；而非生产性建设工程项目总投资只包括建设投资。

建设投资由设备及工器具购置费、建筑安装工程费、工程建设其他费用、预备费（包括基本预备费和涨价预备费）和建设期利息组成。

工程造价，一般是指一项工程预计开支或实际开支的全部固定资产投资费用，在这个意义上工程造价与建设投资的概念是一致的。因此，我们在讨论建设投资时，经常使用工程造价这个概念。在实际应用中，工程造价还有另一种含义，那就是指工程价格，即为建成一项工程，预计或实际在土地市场、设备市场、技术劳务市场以及承包市场等交易活动中所形成的建筑安装工程的价格和建设工程的总价格。

7.1 投资控制

7.1.1 投资控制

建设工程投资控制，就是在投资决策阶段、设计阶段、发包阶段、施工阶段以及竣工阶段，把建设工程投资控制在批准的投资限额以内，随时纠正发生的偏差，以保证项目投资管理目标的实现，以求在建设工程中能合理使用人力、物力、财力，取得较好的投资效益和社会效益。

工程项目建设过程是一个周期长的生产过程，工程投资受到多方面客观因素的影响，因而不可能在工程建设伊始，就设置一个科学的、一成不变的投资控制目标，只能设置一个大致的投资控制目标，即投资控制目标的设置应是随着工程项目建设实践的不断深入而分阶段设置；投资估算应是建设工程设计方案选择和进行初步设计的投资控制目标；设计概算应是进行技术设计和施工图设计的投资控制目标；施工图预算或建筑安装工程承包合同价则应是施工阶段投资控制的目标。有机联系的各个阶段目标相互制约，相互补充，前者控制后者，后者补充前者，共同组成建设工程投资控制的目标系统。

目标要既有先进性又有实现的可能性，目标水平要能激发执行者的进取心和充分发挥他们的工作能力，挖掘他们的潜力。若目标水平太低，如对建设工程投资高估冒算，则对建造者缺乏激励性，建造者亦没有发挥潜力的余地，目标形同虚设；若水平太高，如在建设工程立项时投资就留有缺口，建造者一再努力也无法达到，则可能产生灰心情绪，使工程投资控制成为一纸空文。

7.1.2　投资控制任务

由于建设工程的投资主要发生在施工阶段，在这一阶段需要投入大量的人力、物力、财力等，是工程项目建设费用消耗最多的时期，浪费投资的可能性比较大。因此，监理单位应督促施工单位精心地组织施工，挖掘各方面潜力，节约资源消耗，从而取得节约投资的明显效果。参建各方对施工阶段的投资控制应给予足够的重视，仅仅靠控制工程款的支付是不够的，应从组织、经济、技术、合同等多方面采取措施，控制投资。

项目监理机构在施工阶段投资控制的具体措施如下：

1. 组织措施

(1)在项目监理机构中落实从投资控制角度进行施工跟踪的人员、任务分工和职能分工。

(2)编制本阶段投资控制工作计划和详细的工作流程图。

2. 经济措施

(1)编制资金使用计划，确定、分解投资控制目标。对工程项目造价目标进行风险分析，并制定防范性对策。

(2)进行工程计量。

(3)复核工程付款账单，签发付款证书。

(4)在施工过程中进行投资跟踪控制，定期进行投资实际支出值与计划目标值的比较；发现偏差，分析产生偏差的原因，采取纠偏措施。

(5)协商确定工程变更的价款。审核竣工结算。

(6)分析与预测工程施工过程中的投资支出，经常或定期向建设单位提交项目投资控制及其存在问题的报告。

3. 技术措施

(1)设计变更要进行技术经济比较，严格控制设计变更。

(2)继续寻找通过设计挖潜节约投资的可能性。

(3)审核施工单位编制的施工组织设计，对主要施工方案进行技术经济分析。

4. 合同措施

(1)做好工程施工记录，保存各种文件图纸，特别关注有实际施工变更情况的图纸，注意积累素材，为正确处理可能发生的索赔提供依据。参与处理索赔事宜。

(2)参与合同修改、补充工作，着重考虑它对投资控制的影响。

7.2　建设工程投资构成

建设工程总投资由以下部分组成：

1. 建设投资

(1)设备及工器具购置费。

1)设备购置费：设备原价、设备运杂费；

2)工具器具及生产家具购置费

(2)建筑安装工程费用

1)人工费；

2)材料费；

3)施工机具使用费；

4)企业管理费；

5)利润；

6)规费；

7)税金。

(3)工程建设其他费用。

1)土地使用费；

2)与项目建设相关的其他费用；

3)与未来企业经营有关的其他费用。

(4)预备费。

1)基本预备费；

2)涨价预备费。

(5)建设期利息。

2.流动资产投资

即流动资金。

7.3 建设工程投资的特点

1.投资数额巨大

建设工程项目投资数额巨大，动辄上千万，数十亿。建设工程项目投资数额巨大的特点使它关系到国家、行业或地区的重大经济利益，对国计民生也会产生重大的影响。

2.投资差异明显

每个建设工程项目都有其特定的用途、功能、规模，每项工程的结构、空间分割、设备配置和内外装饰都有不同的要求，工程内容和实物形态都有其差异性。同样的工程处于不同的地区或不同的时段在人工、材料、机械消耗上也有差异。

3.项目投资需单独计算

每个建设工程项目都有专门的用途，其结构、面积、造型和装饰也不尽相同。即使是用途相同的建设工程项目，技术水平、建筑等级和建筑标准也有所差别。建设工程项目还必须在结构、造型等方面适应项目所在地的气候、地质、水文等自然条件，这就使建设工程项目的实物形态千差万别。再加上不同地区构成投资费用的各种要素的差异，最终导致建设工程项目投资的千差万别。因此，建设工程项目只能通过特殊的程序(编制估算、概算、预算、合同价、结算价及最后确定竣工决算等)，就每个项目单独计算其投资。

4.项目投资确定依据复杂

建设工程项目投资的确定依据繁多，关系复杂。在不同的建设阶段有不同的确定依据，且互为基础和指导，互相影响。如预算定额是概算定额(指标)编制的基础，概算定额(指标)又是估算指标编制的基础；反过来，估算指标又控制概算定额(指标)的水平，概算定额(指标)又控制预算定额的水平。

5.项目投资确定层次繁多

凡是按照一个总体设计进行建设的各个单项工程汇集的总体即为一个建设工程项目。在建设工程项目中凡是具有独立的设计文件、竣工后可以独立发挥生产能力或工程效益的工程为单项工程，也可将它理解为具有独立存在意义的完整的工程项目。各单项工程又可分解为各个能独立施工的单位工程。考虑到组成单位工程的各部分是由不同工人用不同工具和材料完成的，又可以把单位工程进一步分解为分部工程，还要把分部工程更细致地分解为分项工程，分项工程再分解为检验批。这就需要分别计算分部分项工程投资、单位工程投资、单项工程投资，最后才能汇总形成建设工程项目投资。

6.项目投资需动态跟踪调整

每个建设工程项目从立项到竣工都有一个较长的建设期，在此期间都会出现一些不可预料的变化因素，对建设工程项目投资产生影响。如工程设计变更，设备、材料、人工价格变化，国家利率、汇率调整，因不可抗力出现或因承包方、发包方原因造成的索赔事件出现等，必然要引起建设工程项目投资的变动。所以，建设工程项目投资在整个建设期内都属于不确定的，需随时进行动态跟踪、调整，直至竣工决算后才能真正确定建设工程项目投资。

7.4　建设工程投资控制原则

1.以各类定额指标为基准

国家有关部门制定的各类定额指标是编制建设工程投资的依据，必须严格贯彻执行。只有统一的定额指标体系，才能对不同的建设投资项目进行比选，达到优中选优的目的。

2.以实际情况进行调整

任何定额指标包含的各项内容都是特定情况下的静态数值，但建设项目投资则是千变万化的。实际操作过程中，必须清楚了解定额指标与实际情况之间的异同，据此对建设项目投资进行有的放矢的调整，才能更有效地进行建设工程投资控制，保证建设工程投资控制的准确性。

3.注意影响投资控制因素的时效性

影响投资控制的因素纷繁复杂，绝大多数因素都会随着时间的变化而变化，最明显的是价格因素。各类定额指标中的投资额都是所有单项"量"与"价"之积(即投资额=量×价)的累加额。"量"通常随时间变化不大(如每立方米砼中的水泥含量)，但是"价"则因供求关系的变化随时随地都在变化，有时还是剧烈变化(如水泥、钢材的价格)。因此，必须时刻注意各类影响投资控制因素的时效性，以保证建设工程投资控制的准确性。

7.5　投资控制主要工作

投资控制是我国建设工程监理的一项主要任务，贯穿于监理工作的各个环节。根据《建设工程监理规范》(GB/T 50319—2013)的规定，工程监理单位要依据法律法规、工程建设标准、勘察设计文件及合同，在施工阶段对建设工程进行投资控制。同时，工程监理单位还应根据建设工程监理合同的约定，在工程勘察、设计、保修等阶段为建设单位提供相关服务工作。

7.5.1　施工阶段监理单位的主要工作

1. 工程计量和付款签证

（1）专业监理工程师对施工单位在工程款支付报审表中提交的工程量和支付金额进行复核，确定实际完成的工程量，提出到期应支付给施工单位的金额，并提供相应的支持性材料。

（2）总监理工程师对专业监理工程师的审查意见进行审核，签认后报建设单位审批。总监理工程师根据建设单位的审批意见，向施工单位签发工程款支付证书。

2. 对完成工程量进行偏差分析

项目监理机构应建立月完成工程量统计表，对实际完成量与计划完成量进行比较分析，发现偏差的，应提出调整建议，并应在监理月报中向建设单位报告。

3. 审核竣工结算款

（1）专业监理工程师审查施工单位提交的竣工结算款支付申请，提出审查意见。

（2）总监理工程师对专业监理工程师的审查意见进行审核，签认后报建设单位审批，同时抄送施工单位，并就工程竣工结算事宜与建设单位、施工单位协商；达成一致意见的，根据建设单位审批意见向施工单位签发竣工结算款支付证书；不能达成一致意见的，应按建设施工合同约定处理。

4. 处理施工单位提出的工程变更费用

（1）总监理工程师组织专业监理工程师对工程变更费用及工期影响做出评估。

（2）总监理工程师组织建设单位、施工单位等共同协商确定工程变更费用及工期变化，会签工程变更单。

（3）项目监理机构可在工程变更实施前与建设单位、施工单位等协商确定工程变更的计价原则、计价方法或价款。

（4）建设单位与施工单位未能就工程变更费用达成协议时，项目监理机构可提出一个暂定价格并经建设单位同意，作为临时支付工程款的依据。

（5）工程变更款项最终结算时，应以建设单位与施工单位达成的协议为依据。

5. 处理费用索赔

（1）项目监理机构应及时收集、整理有关工程费用的原始资料，为处理费用索赔提供证据。

（2）审查费用索赔报审表。需要施工单位进一步提交详细资料时，应在施工合同约定的期限内发出通知。

（3）与建设单位和施工单位协商一致后，在建设施工合同约定的期限内签发费用索赔报审表，并报建设单位。

（4）当施工单位的费用索赔要求与工程延期要求相关联时，项目监理机构可提出费用索赔和工程延期的综合处理意见，并应与建设单位和施工单位协商。

（5）因施工单位原因造成建设单位损失，建设单位提出反索赔时，项目监理机构应与建设单位和施工单位协商处理。

7.5.2　相关服务阶段监理单位的主要工作

1. 工程勘察设计阶段

(1)协助建设单位编制工程勘察设计任务书和选择工程勘察设计单位,并应协助签订工程勘察设计合同;

(2)审核勘察单位提交的勘察费用支付申请表,以及签发勘察费用支付证书;

(3)审核设计单位提交的设计费用支付申请表,以及签认设计费用支付证书;

(4)审查设计单位提交的设计成果,并应提出评估报告;

(5)审查设计单位提出的新材料、新工艺、新技术、新设备在相关部门的备案情况;

(6)必要时应协助建设单位组织专家评审;

(7)审查设计单位提出的设计概算、施工图预算,提出审查意见;

(8)分析可能发生索赔的原因,制定防范对策;

(9)协助建设单位组织专家对设计成果进行评审;

(10)根据勘察设计合同,协调处理勘察设计延期、费用索赔等事宜。

2. 工程保修阶段

(1)对建设单位或使用单位提出的工程质量缺陷,工程监理单位应安排监理人员进行检查和记录,并应要求施工单位予以修复,同时应监督实施,合格后应予以签认。

(2)工程监理单位应对工程质量缺陷原因进行调查,并与建设单位、施工单位协商确定责任归属。对非施工单位原因造成的工程质量缺陷,应核实施工单位申报的修复工程费用,并签认工程款支付证书。

本章小结

本章介绍工程投资控制内容。要求了解投资控制的基本任务,熟悉建设工程投资的基本构成,掌握施工阶段和相关服务阶段投资控制中监理单位的任务。

练习题

1. 投资控制的内容。

2. 建设投资的特点。

3. 施工阶段投资控制的具体措施。

4. 建设工程投资的构成。

5. 投资控制中怎样控制费用索赔。

6. 监理单位在施工阶段投资控制中的主要工作。

7. 监理单位在相关服务阶段投资控制中的主要工作。

第8章 建设工程施工安全控制

项目监理机构应根据法律法规、工程建设强制性标准，履行建设工程安全生产管理的监理职责，并应将安全生产管理的监理工作内容、方法和措施纳入监理规划及监理实施细则。《建设工程安全生产管理条例》规定：工程监理单位和监理工程师应当按照法律、法规和工程建设强制性标准实施监理，并对建设工程安全生产承担监理责任。

8.1 施工安全控制

《中华人民共和国安全生产法》和《建设工程安全生产管理条例》同时规定，在建筑施工生产中要坚持"安全第一、预防为主、综合治理"的方针。建筑施工现场生产周期长，工人流动性大，露天高处作业多，手工操作多，劳动繁重，产品变化大，规则性差等临时性的特征，表明了其具有相当的危险性。施工现场总存在着高处作业、交叉作业，而且机械机具的使用越来越多，用电线路绝大多数是临时布置，这些情况都会增加施工现场的不安全因素。据统计，施工现场最常发生的事故是高处坠落、触电、物体打击、机械伤害和坍塌事故。人的生命是最宝贵的，一旦失去不可复生。施工现场的施工作业人员众多，施工单位应把施工安全放在首位，监理单位应按相关规定对施工现场的施工安全进行有效监督管理。

施工安全控制是对施工现场的不安全因素进行有效控制，达到安全生产的目的。施工安全控制要综合运用多种措施，以求获得最有效的结果。可以运用经济措施，对违反规定者给予一定的经济处罚同时增加必要的安全费用；可以运用技术措施，采用安全性优良的技术手段避免发生安全事故；可以运用教育措施，对现场施工人员进行多方面、多层次(如三级安全教育)的安全教育，以提高他们的安全意识；可以运用组织措施，建立有利于安全生产的组织架构。

监理单位应按《建筑施工安全检查标准》(JGJ 59—2011)的规定，对施工单位在施工现场的安全措施进行检查。

8.2 影响施工安全的主要因素

人、机、料、法、环五个因素是影响建筑工程质量的主要因素，同时也是影响施工安全的主要因素。

1. 人的因素

人的因素是影响施工安全最重要的因素，其他四个因素产生的安全隐患都可以通过人的因素排除，但是其他四个因素无论怎么完美也不能排除人的因素造成的安全隐患。人影响安全的因素就是人的安全意识和安全素质，切实提高人的安全意识和安全素质，对提高施工安全有着极其重要的意义。实践证明，凡是安全事故频发的建筑工地，必然与不具备安全素质或安全素质不合格的施工人员和管理人员相关。

2. 机械机具的因素

建筑施工现场使用大量的机械设备和机具，这些机械机具的操作使用需要专门的技能。使用者必须经过专门培训，掌握使用方法与技巧，在使用过程中，必须按照操作规程进行作业，只有这样才能保证机械机具的安全使用，保障使用者的操作安全及自身安全。同时，机械机具本身的质量也是影响安全使用的重要因素，劣质机械机具也会造成安全事故，必须保证机械机具是合格的产品。

3. 材料的因素

建筑产品是由建筑材料堆筑而成的，建筑材料的好坏直接影响工程质量，劣质材料造成工程事故的情况时有发生。为了保证工程安全，必须使用符合材料标准的合格建筑材料。

4. 方法的因素

好的方法能起到事半功倍的效果。好的操作方法在安全方面能起到更好保护操作者的效果。在施工操作中，选择适合的方法对于操作安全一样非常重要。在工程施工中，每项工序的施工都有相应的安全操作规程，这是为了保护操作者的施工安全，可见，操作方法对于施工安全是非常重要的。

5. 环境的因素

施工安全需要适当的环境条件。虽然不同工序的安全施工需要的环境条件不同，但是都有必需的环境要求，这些要求必须落实。高温高湿、急风暴雨、扬尘雾霾等恶劣的环境条件对施工安全都会产生不利影响。

8.3　建设工程施工安全的特点

建筑工程施工过程中发生的安全事故具有以下特点。

1. 随机性

事故的随机性是指事故发生的时间、地点、事故造成后果是偶然的、不确定的和不可预测的。这说明了安全事故的预防具有一定的难度。但是，安全事故这种随机性在一定范畴内也遵循统计规律。从安全事故的统计资料中可以找到安全事故发生的一定规律性。因而，安全事故统计分析对制定正确的预防措施还是有重大的意义。

2. 突发性

施工安全事故都是突然发生的，发生以前基本没有明显预兆，而且一旦发生，发展蔓延迅速直至失控。施工安全事件都是在施工人员缺乏充分准备的情况下发生的，这就给事故救援工作带来一定的困难，从而会使损失扩大。

3. 可变性

施工安全隐患并非一成不变，不是静止的，而是可能随着时间而不断恶化的，如果不能及时整改和处理，往往会发展成可怕的安全事故。

4. 多发性

实践已经充分证明，建筑工程经常会发生安全事故。建筑施工由于产品固定和施工人员流动的特性，决定了它具有生产设施的临时性、人员的流动性、作业环境的多变性，同时建筑施工的多工种立体交叉作业也给安全施工带来的不利因素。同时现阶段一线施工人员的安全素质较差，施工作业时不注意自身的安全。这就造成了施工安全事故的多发性。

5. 潜伏性

表面上看安全事故是一种突发事件，但是安全事故发生之前总有一段潜伏期。在安全事故发生前，人、机、料、法、环各个系统所处的状态是不稳定的，即是说各个系统或系统之间存在着安全事故隐患，具有危险性。如果这时有一触发因素出现，就会导致安全事故的发生。施工生产活动中，如果较长时间内未发生事故，就会产生麻痹大意的思想，从而忽视了事故的潜伏性，这是施工安全生产管理过程中的思想隐患，应予以克服。

6. 复杂性

建筑工程施工生产的特点决定了影响建筑工程安全生产的因素繁多，从而造成安全事故的原因也纷繁复杂。即使同一类安全事故，任何两起事故也不可能原因完全相同。因此，分析安全事故时，就增加了许多复杂性。

7. 严重性

发生安全事故时，往往会直接导致施工人员的伤亡，同时伴随着财产损失。重大安全事故更是会造成群死群伤和巨额的财产损失。施工安全事故造成的死亡人数和事故起数，一直以来都居于各类行业的前列。事故一旦发生，造成的各类损失是极其严重的，因此，不可对施工安全掉以轻心。

8. 危害性

只要发生施工安全事故，就会产生损失，这种损失可以是人的伤害、时间的消耗、财产的损耗等。无论什么形式的损失，对工程项目而言都是有害无益的。大的、严重的施工安全事故造成的危害是巨大的，有的还是不可承受的。

9. 因果性

安全事故是由相互联系的多种因素共同作用的结果，引起事故的原因是多方面的，多种多样的，造成事故必然有其发生的直接原因，产生的原因和造成结果有直接的联系。在施工安全事故调查分析过程中，应弄清事故发生的因果关系，找到事故发生的主要原因，这样才有利于今后更好地预防同类事故的发生。

10. 可预防性

任何施工安全事故从理论和客观上讲，都是可预防的。影响施工安全的人、机、料、法、环等诸因素产生的安全隐患，都可以通过有效管理消除。人们应该通过各种合理的对策和努力，从根本上消除安全事故隐患，把安全事故的发生降低到最小限度直至消除。

11. 不可逆转性

施工安全事故造成的后果是不可逆转的。人死不可复活，物损不可复原，对于施工安全事故而言，不论事故产生的损失是小还是大，只要产生了，则都无法减轻哪怕一丝一毫。认识到安全事故的不可逆转性，就要求我们更加注意施工安全，做到提前预防，防患于未然。

8.4 建设工程施工安全控制原则

1. 以人为本，坚持人民至上、生命至上，把保护人民生命安全摆在首位

制定《中华人民共和国安全生产法》的目的就是保障人民群众生命和财产安全，促进经济社会持续健康发展。《中共中央关于制定国民经济和社会发展第十四个五年规划和2035年远

景目标的建议》中强调以满足人民日益增长的美好生活需求为根本目的。这都清楚表明了以人为本的宗旨，故施工人员生命安全是建设工程施工安全控制的首位要求。

2.坚持安全第一、预防为主、综合治理的方针

生命失去不可复，财产损失亦不可复。坚持安全第一最充分体现了对生命的尊重，任何建设工程施工工作必须以安全施工生产为前提。预防为主是做好安全工作的基础，由于发生安全事故的后果极其严重，故必须在其未发生时提前做到预防，以避免发生不可挽回的损失。影响安全的因素多种多样，涉及的部门繁多，涉及的人员不同，需要综合治理才能保证安全工作顺利进行。

3.实行管行业必须管安全、管业务必须管安全、管生产必须管安全

安全与施工生产是并行不悖的，不可只强调安全不顾施工生产，更不能只顾施工生产而不管安全。专业安全管理人员在管安全时必须考虑正常施工生产，使安全管理为施工生产服务；而行业管理人员、业务管理人员及生产管理人员在从事其专业工作时，必须为施工安全工作提供便利条件，考虑其专业工作时必须同时考虑相关的安全工作，不可与安全绝对割裂开来。

4.强化和落实生产经营单位主体责任与政府监管责任

生产经营单位是安全生产的主体责任单位，体现了谁生产谁负责的原则。生产经营单位是安全生产的最大受益者，也是安全生产的第一责任者，强化其责任，使其认真履行《中华人民共和国安全生产法》规定的责任，是《中华人民共和国安全生产法》贯彻执行的基本保证。政府的监管是保障《中华人民共和国安全生产法》认真落实、有效执行的强有力外部监督力量，只有强化政府监管，才能使法律规定的各责任主体认真履行法律，增强法律威慑力。

5.建立生产经营单位负责、职工参与、政府监管、行业自律和社会监督的机制

虽然生产经营单位是安全生产的最大受益者，但安全生产不单单是生产经营单位的责任。安全生产关乎全社会，涉及全社会的方方面面，因此，社会各个方面都有责任关注安全生产，形成人人关心安全生产的局面，这也是法律所规定的。

8.5 施工安全控制主要工作

8.5.1 施工安全管理

1.建立健全施工安全管理制度

(1)安全教育制度。

施工单位必须建立安全教育制度，对职工进行必需的安全教育，使职工熟悉自己工作环境的安全状况，能够对突发安全事故具备应急处理能力。

(2)安全检查制度。

施工安全管理工作既需要自律也需要他律，他律非常重要。施工单位既要培养职工自身的施工安全意识，也要建立好安全检查制度，由专职的安全员对施工安全负责。

(3)安全技术交底制度。

安全技术交底是保证施工安全生产的重要保证措施。每一道施工工序开始前，应由安全负责人对所有施工人员进行安全交底，让每位施工人员详细了解安全技术措施，做到听得

懂、理解清、会运用。

(4)班前安全活动制度。

班前安全活动针对的是更具体的安全注意事项。

2.建立健全现场安全检查制度

(1)配备安全管理人员。

根据施工现场实际情况,按照有关规定,配备齐全安全管理人员。

(2)安全管理人员要按照规范标准要求,定期或不定期对施工现场的安全情况进行检查,发现问题必须立即处理,做到不留隐患,不漏疑点。

8.5.2 施工安全监理

项目监理机构应对施工单位的安全教育情况进行检查,检查安全教育措施的落实情况,未落实到位的,应督促落实;在监理过程中,按照《建筑施工安全检查标准》(JGJ 59—2011)要求,检查施工单位安全措施的落实情况,对发现的安全隐患,必须立即要求施工单位处理整改,整改完毕消除隐患后方可继续施工。

本章小结

本章介绍施工安全监理工作内容。要求了解施工安全控制的基本内容,理解影响施工安全的因素,熟悉施工安全管理的主要内容,掌握施工安全监理工作内容。

练习题

1.简述影响施工安全的主要因素。

2.简述施工安全管理制度。请你谈谈对此的认识与理解。

3.如何做好施工安全监理的工作?

第 9 章　建设工程合同管理

建设工程合同是承包人实施工程建设活动，发包人支付价款或酬金的协议。建设工程合同的顺利履行是建设工程质量、投资和工期的基本保障，不但对建设工程合同当事人有重要的意义，而且对社会公共利益、公众的生命健康都有重要的意义。

2020 年 5 月 28 日第十三届全国人民代表大会第三次会议通过的《中华人民共和国民法典》第三编"合同编"对合同作了详细规定。

9.1　合同管理

9.1.1　合同的概念

合同是民事主体之间设立、变更、终止民事法律关系的协议。依法成立的合同，对当事人具有法律约束力。当事人应当按照约定履行自己的义务，不得擅自变更或者解除合同。依法成立的合同，受法律保护。广义合同指所有法律部门中确定权利、义务关系的协议。狭义合同指一切民事合同，甚至仅指民事合同中的债权合同。

《中华人民共和国民法典》规定的典型合同包括：买卖合同，供用电、水、气、热力合同，赠予合同，借款合同，保证合同，租赁合同，融资租赁合同，保理合同，承揽合同，建设工程合同，运输合同，技术合同，保管合同，仓储合同，委托合同，物业服务合同，行纪合同，中介合同，合伙合同等 19 种类别。

9.1.2　合同分类

(1)单务合同和双务合同；
(2)有偿合同和无偿合同；
(3)有名合同和无名合同；
(4)要式合同和不要式合同；
(5)主合同和从合同；
(6)实践合同和诺成合同。

9.1.3　合同成立要件

1. 当事人具有相应的民事行为能力

自然人签订合同，应该有完全行为能力，限制行为能力人和无行为能力人不得亲自签订合同，而应由其法定代理人代为签订。限制行为能力人可以独立签订纯利益的合同或者与其年龄、智力、精神健康状况相适应的合同。非自然人签订合同，必须是依法定程序成立后才具有合同行为能力，同时还要具有相应的缔约能力，即必须在法律、行政法规及有关部门授予的权限范围内签订合同。

2. 当事人意思表示真实

缔约人的表示行为应真实地反映其内心的意思表示，即其意思表示与表示行为应一致。

意思表示不真实，对合同效力的影响应视具体情况而定。在一般误解时，合同仍然有效；在重大误解时，合同可被变更或者撤销；在乘人之危致使合同显失公平时，合同可被变更或者撤销。

3. 不违反法律或社会公共利益

签订的合同必须符合国家的法律法规，不得违反法律和社会公共利益。违法的合同是无效合同，可以是部分无效，也可以是完全无效。合同的内容违反了社会公共利益，也会造成合同的部分无效或完全失效。

4. 合同标的确定和可能

合同标的决定着合同权利义务的质和量，没有它，合同就失去目的，应归于无效。合同标的可能，是指合同给付可能实现。合同标的确定，是指合同标的自始确定，或可得确定。这些内容是合同的最基本要件之一，不可或缺。没有这些内容，合同就失去了现实意义。

9.2 监理合同

9.2.1 监理合同

建设工程监理合同（简称监理合同），是建设工程项目的建设单位聘请监理单位为其建设工程项目进行监理服务而明确双方权利、义务的协议。

住房和城乡建设部和国家工商行政管理总局 2012 年以建市〔2012〕46 号文印发了《建设工程监理合同（示范文本）》（GF—2012—0202）。该示范文本给建设工程监理合同的签订提供了范本。

《建设工程监理合同（示范文本）》（GF—2012—0202）的组成文件：

(1)协议书；

(2)中标通知书（适用于招标工程）或委托书（适用于非招标工程）；

(3)投标文件（适用于招标工程）或监理与相关服务建议书（适用于非招标工程）；

(4)专用条件；

(5)通用条件；

(6)附录

1)附录 A：相关服务的范围和内容；

2)附录 B：委托人派遣的人员和提供的房屋、资料、设备。

《建设工程监理合同（示范文本）》（GF—2012—0202）对双方的权利和义务做了全面详尽阐述。使用时，建设单位和监理单位可以在专用条件中通过专门的规定明确特殊的要求。

9.2.2 监理合同的管理工作

监理合同是监理机构实施建设工程监理工作的最重要依据。监理工程师在建设工程监理实施过程中，必须熟悉监理合同，依合同规定实施监理工作。总监理工程师应组织监理机构人员认真学习监理合同,特别是合同中的"监理人的义务,委托人的义务,双方的违约责任,争议解决"等内容,要求监理人员在编制监理规划、监理实施细则和相关监理方案时,首先注意是否符合监理合同要求;然后在具体监理工作中遇到相关事宜时,应严格按照监理合同条款执行。

9.3　勘察设计合同

9.3.1　勘察设计合同

建设工程勘察设计合同是指建设单位与勘察设计单位为完成特定的勘察设计任务,明确相互权利义务关系而订立的协议。

建设工程勘察设计合同属于建设工程合同的范畴,分为建设工程勘察合同和建设工程设计合同两种,即有《建设工程勘察合同示范文本》(GF—2016—0203)、《建设工程设计合同示范文本(房屋建筑工程)》(GF—2015—0209)和《建设工程设计合同示范文本(专业建设工程)》(GF—2015—0210)三个文本。

一、《建设工程勘察合同示范文本》(GF—2016—0203)主要内容

《建设工程勘察合同示范文本》(GF—2016—0203)由合同协议书、通用合同条款和专用合同条款三部分组成。

1. 合同协议书

《建设工程勘察合同示范文本》(GF—2016—0203)合同协议书共计12条,主要包括工程概况、勘察范围和阶段、技术要求及工作量、合同工期、质量标准、合同价款、合同文件构成、承诺、词语定义、签订时间、签订地点、合同生效和合同份数等内容,集中约定了合同当事人基本的合同权利义务。

2. 通用合同条款

通用合同条款是合同当事人根据《中华人民共和国民法典》、《中华人民共和国建筑法》以及《中华人民共和国招标投标法》等相关法律法规的规定,就工程勘察的实施及相关事项对合同当事人的权利义务作出的原则性约定。

通用合同条款具体包括一般约定、发包人、勘察人、工期、成果资料、后期服务、合同价款与支付、变更与调整、知识产权、不可抗力、合同生效与终止、合同解除、责任与保险、违约、索赔、争议解决及补充条款等共计17条。上述条款安排既考虑了现行法律法规对工程建设的有关要求,也考虑了工程勘察管理的特殊需要。

3. 专用合同条款

专用合同条款是对通用合同条款原则性约定的细化、完善、补充、修改或另行约定的条款。合同当事人可以根据不同建设工程的特点及具体情况,通过双方的谈判、协商对相应的专用合同条款进行修改补充。在使用专用合同条款时,应注意以下事项:

(1)专用合同条款编号应与相应的通用合同条款编号一致;

(2)合同当事人可以通过对专用合同条款的修改,满足具体项目工程勘察的特殊要求,避免直接修改通用合同条款;

(3)在专用合同条款中有横道线的地方,合同当事人可针对相应的通用合同条款进行细化、完善、补充、修改或另行约定；如无细化、完善、补充、修改或另行约定，则填写"无"或划"/"。

4. 合同附件

（1）附件 A 勘察任务书及技术要求；

（2）附件 B 发包人向勘察人提交有关资料及文件一览表；

（3）附件 C 进度计划；

（4）附件 D 工作量和费用明细表。

5.《建设工程勘察合同示范文本》（GF—2016—0203）性质和适用范围

《建设工程勘察合同示范文本》（GF—2016—0203）为非强制性使用文本，合同当事人可结合工程具体情况，根据《示范文本》订立合同，并按照法律法规和合同约定履行相应的权利义务，承担相应的法律责任。

《建设工程勘察合同示范文本》（GF—2016—0203）适用于岩土工程勘察、岩土工程设计、岩土工程物探/测试/检测/监测、水文地质勘查及工程测量等工程勘察活动，岩土工程设计也可使用《建设工程设计合同示范文本（专业建设工程）》（GF—2015—0210）。

二、《建设工程设计合同示范文本（房屋建筑工程）》（GF—2015—0209）主要内容

《建设工程设计合同示范文本（房屋建筑工程）》（GF—2015—0209）由合同协议书、通用合同条款和专用合同条款三部分组成。

1. 合同协议书

《建设工程设计合同示范文本（房屋建筑工程）》（GF—2015—0209）合同协议书集中约定了合同当事人基本的合同权利义务。

2. 通用合同条款

通用合同条款是合同当事人根据《中华人民共和国建筑法》《中华人民共和国民法典》等法律法规的规定，就工程设计的实施及相关事项，对合同当事人的权利义务作出的原则性约定。

通用合同条款既考虑了现行法律法规对工程建设的有关要求，也考虑了工程设计管理的特殊需要。

3. 专用合同条款

专用合同条款是对通用合同条款原则性约定的细化、完善、补充、修改或另行约定的条款。合同当事人可以根据不同建设工程的特点及具体情况，通过双方的谈判、协商对相应的专用合同条款进行修改补充。在使用专用合同条款时，应注意以下事项：

（1）专用合同条款的编号应与相应的通用合同条款的编号一致；

（2）合同当事人可以通过对专用合同条款的修改，满足具体房屋建筑工程的特殊要求，避免直接修改通用合同条款；

（3）在专用合同条款中有横道线的地方，合同当事人可针对相应的通用合同条款进行细化、完善、补充、修改或另行约定；如无细化、完善、补充、修改或另行约定，则填写"无"或划"/"。

4. 合同附件

（1）附件 1：工程设计范围、阶段与服务内容

（2）附件 2：发包人向设计人提交的有关资料及文件一览表

（3）附件 3：设计人向发包人交付的工程设计文件目录

（4）附件 4：设计人主要设计人员表

（5）附件 5：设计进度表

（6）附件 6：设计费明细及支付方式

（7）附件 7：设计变更计费依据和方法

5.《建设工程设计合同示范文本(房屋建筑工程)》(GF—2015—0209)性质和适用范围

《建设工程设计合同示范文本(房屋建筑工程)》(GF—2015—0209)供合同双方当事人参照使用,可适用于方案设计招标投标、队伍比选等形式的合同订立。

《建设工程设计合同示范文本(房屋建筑工程)》(GF—2015—0209)适用于建设用地规划许可证范围内的建筑物构筑物设计、室外工程设计、民用建筑修建的地下工程设计及住宅小区、工厂厂前区、工厂生活区、小区规划设计及单体设计等,以及所包含的相关专业的设计内容(如总平面布置、竖向设计、各类管网管线设计、景观设计、室内外环境设计及建筑装饰、道路、消防、智能、安保、通信、防雷、人防、供配电、照明、废水治理、空调设施、抗震加固)等工程设计活动。

三、《建设工程设计合同示范文本(专业建设工程)》(GF—2015—0210)主要内容

《建设工程设计合同示范文本(专业建设工程)》(GF—2015—0210)由合同协议书、通用合同条款和专用合同条款三部分组成。

1.合同协议书

《建设工程设计合同示范文本(专业建设工程)》(GF—2015—0210)合同协议书集中约定了合同当事人基本的合同权利义务。

2.通用合同条款

通用合同条款是合同当事人根据《中华人民共和国建筑法》《中华人民共和国民法典》等法律法规的规定,就工程设计的实施及相关事项,对合同当事人的权利义务作出的原则性约定。

通用合同条款既考虑了现行法律法规对工程建设的有关要求,也考虑了工程设计管理的特殊需要。

3.专用合同条款

专用合同条款是对通用合同条款原则性约定的细化、完善、补充、修改或另行约定的条款。合同当事人可以根据不同建设工程的特点及具体情况,通过双方的谈判、协商对相应的专用合同条款进行修改补充。在使用专用合同条款时,应注意以下事项:

（1）专用合同条款的编号应与相应的通用合同条款的编号一致;

（2）合同当事人可以通过对专用合同条款的修改,满足具体建设工程的特殊要求,避免直接修改通用合同条款;

（3）在专用合同条款中有横道线的地方,合同当事人可针对相应的通用合同条款进行细化、完善、补充、修改或另行约定;如无细化、完善、补充、修改或另行约定,则填写"无"或划"/"。

4. 合同附件

(1)附件1：工程设计范围、阶段与服务内容；

(2)附件2：发包人向设计人提交的有关资料及文件一览表；

(3)附件3：设计人向发包人交付的工程设计文件目录；

(4)附件4：设计人主要设计人员表；

(5)附件5：设计进度表；

(6)附件6：设计费明细及支付方式；

(7)附件7：设计变更计费依据和方法。

5.《建设工程设计合同示范文本(专业建设工程)》(GF—2015—0210)性质和适用范围

《建设工程设计合同示范文本(专业建设工程)》(GF—2015—0210)供合同双方当事人参照使用。

《建设工程设计合同示范文本(专业建设工程)》(GF—2015—0210)适用于房屋建筑工程以外各行业建设工程项目的主体工程和配套工程(含厂/矿区内的自备电站、道路、专用铁路、通信、各种管网管线和配套的建筑物等全部配套工程)以及与主体工程、配套工程相关的工艺、土木、建筑、环境保护、水土保持、消防、安全、卫生、节能、防雷、抗震、照明工程等工程设计活动。

除房屋建筑工程以外的各行业建设工程统称为专业建设工程，具体包括煤炭、化工石化医药、石油天然气(海洋石油)、电力、冶金、军工、机械、商物粮、核工业、电子通信广电、轻纺、建材、铁道、公路、水运、民航、市政、农林、水利、海洋等工程。

9.3.2 勘察设计合同监理

1. 关于勘察合同，监理工程师应协助建设单位及时做好以下工作：

(1)协助建设单位确定建设项目委托勘察内容；

(2)协助建设单位签订建筑工程勘察合同；

(3)协助建设单位向勘察单位提供勘察工作所必需的文件资料；

(4)协助建设单位为勘察单位提供勘查现场的工作条件；

(5)协助建设单位检查勘察工作的成果；

(6)及时提醒建设单位进行勘察费用的支付；

(7)协助建设单位处理合同争议。

2. 关于设计合同，监理工程师应协助建设单位及时做好以下工作：

(1)协助建设单位确定建设项目委托设计内容；

(2)协助建设单位签订建筑工程设计合同；

(3)协助建设单位向设计单位提供设计工作所必需的文件资料；

(4)协助建设单位检查设计工作的成果；

(5)及时提醒建设单位进行设计费用的支付；

(6)协助建设单位督促设计单位及时配合现场施工；

(7)协助建设单位处理合同争议。

9.4　建设工程施工合同

9.4.1　建设工程施工合同

建设工程施工合同是指建设单位与施工单位为完成由施工单位负责施工的工程项目，明确相互权利、义务的协议。建设工程施工合同是施工单位进行工程建设施工，建设单位支付价款，以及质量控制、进度控制、投资控制的主要依据。施工合同的双方是平等的民事主体。

住房和城乡建设部和国家工商行政管理总局 2017 年以建市〔2017〕214 号文印发了《建设工程施工合同(示范文本)》(GF—2017—0201)。该示范文本给建设工程施工合同的签订提供了范本。

一、《建设工程施工合同(示范文本)》(GF—2017—0201)主要内容

标准施工合同由合同协议书、通用合同条款和专用合同条款三部分组成。

1.合同协议书

《建设工程施工合同(示范文本)》(GF—2017—0201)同协议书共计 13 条，主要包括工程概况、合同工期、质量标准、签约合同价和合同价格形式、项目经理、合同文件构成、承诺以及合同生效条件等重要内容，集中约定了合同当事人基本的合同权利义务。

2.通用合同条款

《建设工程施工合同(示范文本)》(GF—2017—0201)的通用合同条款共计 20 条，具体条款分别为一般约定、发包人、承包人、监理人、工程质量、安全文明施工与环境保护、工期和进度、材料与设备、试验与检验、变更、价格调整、合同价格、计量与支付、验收和工程试车、竣工结算、缺陷责任与保修、违约、不可抗力、保险、索赔和争议解决。前述条款安排既考虑了现行法律法规对工程建设的有关要求，也考虑了建设工程施工管理的特殊需要。

3.专用合同条款

《建设工程施工合同(示范文本)》(GF—2017—0201)的专用合同条款是对通用合同条款原则性约定的细化、完善、补充、修改或另行约定的条款。合同当事人可以根据不同建设工程的特点及具体情况，通过双方的谈判、协商对相应的专用合同条款进行修改补充。在使用专用合同条款时，应注意以下事项：

(1)专用合同条款的编号应与相应的通用合同条款的编号一致；

(2)合同当事人可以通过对专用合同条款的修改，满足具体建设工程的特殊要求，避免直接修改通用合同条款；

(3)在专用合同条款中有横道线的地方，合同当事人可针对相应的通用合同条款进行细化、完善、补充、修改或另行约定；如无细化、完善、补充、修改或另行约定，则填写"无"或划"/"。

4.合同附件

《建设工程施工合同(示范文本)》(GF—2017—0201)有协议书附件 1 份和专用合同条款附件 10 份，共计 11 份。

(1)协议书附件：

附件 1：承包人承揽工程项目一览表。

(2)专用合同条款附件：

附件 2：发包人供应材料设备一览表；

附件 3：工程质量保修书；

附件 4：主要建设工程文件目录；

附件 5：承包人用于本工程施工的机械设备表；

附件 6：承包人主要施工管理人员表；

附件 7：分包人主要施工管理人员表；

附件 8：履约担保格式；

附件 9：预付款担保格式；

附件 10：支付担保格式；

附件 11：暂估价一览表。

5.《建设工程施工合同(示范文本)》(GF—2017—0201)的性质和适用范围

《建设工程施工合同(示范文本)》(GF—2017—0201)为非强制性使用文本。《建设工程施工合同(示范文本)》(GF—2017—0201)适用于房屋建筑工程、土木工程、线路管道和设备安装工程、装修工程等建设工程的施工承发包活动，合同当事人可结合建设工程具体情况，根据《建设工程施工合同(示范文本)》(GF—2017—0201)订立合同，并按照法律法规规定和合同约定承担相应的法律责任及合同权利义务。

二、施工合同的组成内容

《建设工程施工合同(示范文本)》(GF—2017—0201)规定，协议书与下列文件一起构成合同文件：

(1)中标通知书(如果有)；

(2)投标函及其附录(如果有)；

(3)专用合同条款及其附件；

(4)通用合同条款；

(5)技术标准和要求；

(6)图纸；

(7)已标价工程量清单或预算书；

(8)其他合同文件。

在合同订立及履行过程中形成与合同有关的文件均构成合同文件组成部分。

上述各项合同文件包括合同当事人就该项合同文件所作出的补充和修改，属于同一类内容的文件，应以最新签署的为准。专用合同条款及其附件必须经合同当事人签字或盖章。

我国的《建设工程施工合同(示范文本)》(GF—2017—0201)借鉴了国际上广泛使用的FIDIC 土木工程施工合同条款。

9.4.2 建筑工程施工合同监理

(1)协助建设单位签订建筑工程施工合同；

(2)依据监理合同和施工合同开展监理工作；

(3)施工过程中做好建设工程质量控制工作；

(4)施工过程中做好建设工程进度控制工作；

(5)施工过程中做好建设工程投资控制工作；

(6)施工过程中做好建设工程施工安全控制工作；

(7)协助建设单位及时处理合同争议。

9.5　工程暂停与复工

9.5.1　工程暂停与复工

工程施工过程中，为保证工程质量、施工安全或者遇到其他必须暂停的情况时，项目监理机构总监理工程师在征得建设单位同意后，可实施工程暂停。工程暂停的因素消除后，项目监理机构应及时督促施工单位复工。

不论任何原因造成的工程暂停都对工程施工产生不利影响，可能造成工期的延长，工程费用的增加，进而双方产生纠纷与矛盾，因此，总监理工程师在签发工程暂停令时应极其慎重。

9.5.2　工程暂停与复工监理工作

项目监理机构发现下列情形之一的，总监理工程师应及时签发工程暂停令，要求施工单位停工整改：

(1)施工单位未经批准擅自施工；

(2)施工单位未按审查通过的工程设计文件施工；

(3)施工单位未按批准的施工组织设计施工或违反工程建设强制性标准；

(4)施工存在重大质量事故隐患或发生质量事故。

(5)施工存在重大安全事故隐患或发生安全事故。

项目监理机构应对施工单位的整改过程、结果进行检查和验收，符合要求的，总监理工程师应及时签发复工令。监理单位和施工单位在工程暂停复工工作中使用以下三张表格[《建设工程监理规范》(GB/T 50319—2013)表 A.0.5、表 A.0.7 和表 B.0.3]。

表 A.0.5　工程暂停令

工程名称：＿＿＿＿＿＿＿＿＿＿＿＿＿＿＿＿＿＿＿＿＿＿＿＿＿＿＿　编号：＿＿＿＿＿＿

致：＿＿＿＿＿＿＿＿＿＿＿＿＿(施工项目经理部)

　由于＿＿＿＿＿＿＿＿＿＿＿＿＿＿＿＿＿＿＿＿＿＿＿＿＿＿＿＿＿＿＿＿＿＿＿＿＿＿

＿＿＿

原因，经建设单位同意，现通知你方于＿＿＿＿＿＿＿年＿＿＿＿＿月＿＿＿＿＿日＿＿＿＿时起，

暂停＿＿＿＿＿＿＿＿＿＿＿＿＿部位(工序)施工，并按下述要求做好后续工作。

　要求：

项目监理机构(盖章)＿＿＿＿＿＿＿＿
总监理工程师(签字、加盖执业印章)＿＿＿＿＿＿
年　月　日

注：本表一式三份，项目监理机构、建设单位、施工单位各一份。

表 A.0.7 工程复工令

工程名称：_____   编号：_____

致：_____(施工项目经理部)
我方发出的编号为：_____停工令，要求暂停_____部位(工序)施工，经查已具备复工条件，经建设单位同意，现通知你方于_____年_____月___日_____时起恢复施工。   　　附件：复工报审表   　　　　　　　　　　　　　　　　　　　　　项目监理机构(盖章)_____ 　　　　　　　　　　　　　　　　　总监理工程师(签字、加盖执业印章)_____ 　　　　　　　　　　　　　　　　　　　　　　　　　　　　年　月　日

注：本表一式三份，项目监理机构、建设单位、施工单位各一份。

表 B.0.3 复工报审表

工程名称：_____   编号：_____

致：_____(项目监理机构)
编号为：_____(工程暂停令)所停工的_____部位，现已满足复工条件，我方申请于__年__月__日复工，请予以审批。 　　附件：□证明文件资料   　　　　　　　　　　　　　　　　　　　　　施工项目经理部(盖章)_____ 　　　　　　　　　　　　　　　　　　　　　　　项目经理(签字)_____ 　　　　　　　　　　　　　　　　　　　　　　　　　年　月　日
审查意见：   　　　　　　　　　　　　　　　　　　　　　项目监理机构(盖章)_____ 　　　　　　　　　　　　　　　　　　总监理工程师(签字)_____ 　　　　　　　　　　　　　　　　　　　　　　年　月　日
审查意见：   　　　　　　　　　　　　　　　　　　　　　建设单位(盖章)_____ 　　　　　　　　　　　　　　　　　　建设单位代表(签字)_____ 　　　　　　　　　　　　　　　　　　　　　　年　月　日

注：本表一式三份，项目监理机构、建设单位、施工单位各一份。

9.6　工程变更

9.6.1　工程变更的含义

工程变更是指按照施工合同约定的程序对工程在材料、工艺、功能、构造、尺寸、技术指标、工程量及施工方法等方面做出的改变。

建设工程项目的相关各方都可提出工程变更。不论哪方提出的工程变更，都必须经过建设单位、设计单位和监理单位的批准，并经施工单位的同意方可予以实施。工程变更的处理使用工程变更单(《建设工程监理规范》(GB/T 50319—2013)表 C.0.2)。

表 C.0.2　工程变更单

工程名称：＿＿＿＿＿＿＿＿＿＿＿＿＿＿＿＿＿＿＿＿＿　　　　编号：＿＿＿＿＿＿

致：＿＿＿＿＿＿＿＿＿＿＿＿

由于＿＿＿＿＿＿＿＿＿＿＿＿＿＿＿＿＿＿＿＿＿＿＿＿＿＿＿＿＿＿原因，
慈提出＿＿＿＿＿＿＿＿＿＿＿＿＿＿＿＿＿＿＿＿＿＿工程变更，请予以审批。

附件：

□变更内容

□变更设计图

□相关会议纪要

□其他

变更提出单位(盖章)：＿＿＿＿＿＿

负责人(签字)：＿＿＿＿＿＿

年　月　日

工程数量增/减	
费用增/减	
工期变化	

施工项目经理部(盖章) 项目经理(签字)	设计单位(盖章) 设计负责人(签字)
项目监理机构(盖章) 总监理工程师(签字)	建设单位(盖章) 负责人(签字)

注：本表一式四份，建设单位、项目监理机构、设计单位、施工单位各一份。

9.6.2　工程变更处理

项目监理机构应督促施工单位按照会签后的工程变更单组织施工。总监理工程师应组织专业监理工程师审查工程变更申请，提出审查意见并报告建设单位，而且对涉及工程设计文件修改的工程变更，应由原设计单位提出修改方案。

项目监理机构对工程变更费用及工期影响应作出评估：

(1)工程变更引起的增减工程量；

(2)工程变更引起的费用变化；

(3)工程变更对工期的影响。

评估后，项目监理机构组织建设单位、施工单位等共同协商确定工程变更费用及工期变化。如果建设单位与施工单位未能就工程变更费用达成协议时，项目监理机构应提出一个暂定价格并经建设单位同意，作为临时支付工程款的依据。工程变更款项最终结算时，应以建设单位与施工单位最终达成的协议为依据。

9.7　费用索赔

9.7.1　索赔概念

索赔是指在建设施工合同履行过程中，由于对方的原因造成了己方的损失而向对方提出的补偿要求。索赔包括费用索赔和时间索赔，可以单独提出费用或时间索赔，也可以同时提出费用和时间索赔。工程实践中，通常将施工单位向建设单位提出的补偿要求叫做索赔，而将建设单位向施工单位提出的补偿要求叫做反索赔。工程延期是时间索赔(详见9.8节)，工程延误可提出反索赔。索赔和反索赔是相对的，一般情况下反索赔是对索赔的反击。索赔是工程承包中经常发生的正常现象。施工现场条件、气候条件、材料价格的变化，合同、规范、标准和施工图纸的遗漏、变更和差异等，使得索赔不可避免。

9.7.2　费用索赔处理

1. 施工单位提出的费用索赔

项目监理机构收到施工单位提交的费用索赔意向通知书后，应及时审查费用索赔意向通知书的内容、查验施工单位的记录和证明材料，必要时项目监理机构可要求施工单位提交全部原始记录副本。项目监理机构首先应争取通过与建设单位和施工单位协商达成费用索赔处理的一致意见，如果分歧较大，项目监理机构可单独确定费用金额，当事双方若不接受，则可按合同争议进行解决。

2. 建设单位提出的费用索赔

发生费用索赔事件，在建设单位向施工单位发出费用索赔意向通知书后，项目监理机构应及时书面通知施工单位，详细说明建设单位有权得到的索赔金额的细节和依据。项目监理机构在处理建设单位提出的费用索赔时，也应首先通过与当事双方协商争取达成一致，分歧较大时，项目监理机构可提出费用金额，如果双方不接受，则可按合同争议进行解决。施工单位应付给建设单位的费用款可从应支付给施工单位的合同价款或质量保证金内扣除，也可

由施工单位以其他方式支付。费用索赔处理时使用索赔意向书[《建设工程监理规范》
（GB/T 50319—2013）表 C.0.3]和费用索赔报审表[《建设工程监理规范》（GB/T 50319—
2013）表 B.0.13]。

表 B.0.13　费用索赔报审表

工程名称：_____　　编号：_____

致：_____（建设单位） _____（项目监理机构） 　　根据施工合同_____条款，由于_____的原因，我方申请索赔金额（大写）_____，请予批准。 　　索赔理由：_____ 　　_____ 　　_____ 　　附件：□索赔金额的计算 　　　　　□证明材料 　　　　　　　　　　　　　　　　　　　施工项目经理部（盖章）_____ 　　　　　　　　　　　　　　　　　　　项目经理（签字）_____ 　　　　　　　　　　　　　　　　　　　　　　　　　　　年　月　日
审执意见： 　　□不同意此项索赔 　　□同意此项索赔，索赔金额为（大写）_____ 　　同意/不同意索赔的理由：_____ 　　_____ 　　_____ 　　附件：□索赔金额计算 　　　　　　　　　　　　　　　　　　　项目监理机构（盖章）_____ 　　　　　　　　　　　　　　　　　　　总监理工程师（签字、加盖执业印章）_____ 　　　　　　　　　　　　　　　　　　　　　　　　　　　年　月　日
审批意见：   　　　　　　　　　　　　　　　　　　　建设单位（盖章）_____ 　　　　　　　　　　　　　　　　　　　建设单位代表（签字）_____ 　　　　　　　　　　　　　　　　　　　　　　　　　　　年　月　日

注：本表一式三份，项目监理机构、建设单位、施工单位各一份。

表 C.0.3　索赔意向通知书

工程名称：＿＿＿＿＿＿＿＿＿＿＿＿＿＿＿＿＿＿＿＿＿＿＿＿＿＿＿　　　编号：＿＿＿＿＿＿＿

致：＿＿＿＿＿＿＿＿＿＿＿＿＿＿＿＿＿＿＿

　　　根据《建设工程施工合同》＿＿＿＿＿＿＿＿＿＿＿＿＿＿＿＿＿＿＿(条款)的约定，由于发生

了＿＿＿＿＿＿＿＿＿＿＿＿＿＿＿＿＿＿＿＿＿事件，且该事件的发生非我方原因所致。为此，我方

向＿＿＿＿＿＿＿＿＿＿＿＿(单位)提出索赔要求。

　　　附件：索赔事件资料

　　　　　　　　　　　　　　　　　　　　　　　　　提出单位(盖章)＿＿＿＿＿＿＿

　　　　　　　　　　　　　　　　　　　　　　　　　负责人(签字)＿＿＿＿＿＿＿

　　　　　　　　　　　　　　　　　　　　　　　　　　　年　月　日

9.8　工期延误与工程延期

9.8.1　工期延误与工程延期概念

工期延误是由于施工单位自身原因造成施工期延长的时间。工程延期是由于非施工单位原因造成合同工期延长的时间。工期延误和工程延期属于时间索赔。

9.8.2　工期延误与工程延期处理

1. 工期延误

当出现工期延误时，监理工程师有权要求施工单位采取有效措施加快施工进度。如果经过一段时间后，实际进度没有明显改进，仍然拖后于计划进度，而且显然影响工程按期竣工时，监理工程师应要求施工单位修改进度计划，并提交给监理工程师重新确认。

监理工程师对修改后的施工进度计划的确认，并不是对工期延长的批准，仅仅只是要求施工单位在合理的状态下施工。因此，监理工程师对进度计划的确认，并不能解除施工单位单位应负的一切责任，施工单位需要承担赶工的全部额外开支和误期损失赔偿。建设单位对施工单位造成的工期延误可一并提出费用索赔。

2. 工程延期

如果由于施工单位以外的原因造成工期拖延，承包单位有权提出延长工期的申请。监理工程师应根据合同规定，审批工程延期时间。经监理工程师核实批准的工程延期时间，应纳入合同工期，作为合同工期的一部分，即新的合同工期应等于原定的合同工期加上监理工程师批准的工程延期时间。

监理工程师对于施工进度的拖延，是否批准为工程延期，对施工单位和建设单位都十分

重要。如果施工单位得到监理工程师批准的工程延期，不仅可以不赔偿由于工期延长而支付的误期损失费，而且要由建设单位承担工期延长所增加的费用。因此，监理工程师应按照合同的有关规定，公平地区分工期延误和工程延期，并合理地批准工程延期时间。监理工程师审批工程延期时，可针对每一个具体的延期事件以"工程临时延期批准"形式延长工期，在延长工期事件都处理完毕后，监理工程师根据每个延期事件对总工期的影响情况不同，结合所有"临时延期"对总工期的影响以"工程最终延期批准"的形式最终确定工程延期。监理工程师处理工程延期使用"工程临时/最终延期报审表"（《建设工程监理规范》（GB/T 50319—2013）表 B.0.14）。

表 B.0.14　工程临时/最终延期报审表

工程名称：＿＿＿＿＿＿＿＿＿＿＿＿＿＿＿＿＿＿＿＿＿＿＿＿＿＿　　编号：＿＿＿＿＿＿＿

致：＿＿＿＿＿＿＿＿＿＿＿＿＿＿＿＿＿＿(项目监理机构) 　　根据施工合同＿＿＿＿＿＿＿＿＿(条款)，由于＿＿＿＿＿＿＿＿＿＿＿＿＿＿＿＿＿＿＿＿＿＿的原因，我方申请工程临时/最终延期＿＿＿＿＿(日历天)，请予批准 附件： 1. 工程延期依据及工期计算 2. 证明材料   　　　　　　　　　　　　　　　　　　　施工项目经理部(盖章)＿＿＿＿＿＿＿＿ 　　　　　　　　　　　　　　　　　　　项目经理(签字)＿＿＿＿＿＿＿＿＿＿＿
审核意见： 　　□同意临时/最终延长工期＿＿＿＿＿＿＿＿＿＿＿＿＿＿＿＿＿＿＿＿＿(日历天)，工程竣工日期从施工合同约定的＿＿＿年＿＿＿月＿＿＿日延迟到＿＿＿年＿＿＿月＿＿＿日。 　　□不同意延长工期，请按约定竣工日期组织施工。   　　　　　　　　　　　　　　　　　项目监理机构(盖章)＿＿＿＿＿＿＿＿＿＿ 　　　　　　　　　　　　　　　　　总监理工程师(签字、加盖执业印章)＿＿＿＿＿＿＿＿＿
审批意见：   　　　　　　　　　　　　　　　　　建设单位(盖章)＿＿＿＿＿＿＿＿＿＿ 　　　　　　　　　　　　　　　　　建设单位代表(签字)＿＿＿＿＿＿＿＿ 　　　　　　　　　　　　　　　　　　　　　　　年　　月　　日

注：本表一式三份，项目监理机构、建设单位、施工单位各一份。

9.9 合同争议

9.9.1 合同争议的含义

在合同履行过程中，由于合同双方对具体事件的处理，依据合同条款不能形成一致意见时，就形成了合同争议。

9.9.2 合同争议处理

当事人可以通过和解或者调解解决合同争议。当事人不愿意和解、调解或者和解、调解不成的，可以根据仲裁协议向仲裁机构申请仲裁。涉外合同的当事人可以根据仲裁协议向中国仲裁机构或者其他仲裁机构申请仲裁。当事人没有订立仲裁协议或者仲裁协议无效的，可以向人民法院起诉。当事人应当履行发生法律效力的判决、仲裁裁决、调解书；拒不履行的，对方可以请求人民法院执行。

合同争议的解决在法律上通常有调解、仲裁和诉讼三种形式。监理合同示范文本中规定了协商、调解、仲裁或诉讼四种争议解决方式；勘察合同示范文本规定了和解、调解、仲裁或诉讼四种争议解决方式；工程设计合同示范文本和工程施工示范文本则规定了和解、调解、争议评审、仲裁或诉讼五种争议解决方式

合同争议当事人可根据实际情况选择其中一种方式解决合同争议。监理工程师在处理合同争议时，应以客观"第三方"的角度参与合同争议解决，以其专业知识客观判断争议事实，依据合同条款及法律法规给出独立意见。监理工程师应争取合同争议双方以调解形式解决问题，这是对合同履行影响最小的解决方式。如果双方不接受调解解决，在进入仲裁或诉讼程序后，监理工程师应客观公平地为仲裁机关或法院提供有关证据。

9.10 合同解除

9.10.1 合同解除概念

合同解除即是合同提前解除效力的行为。合同解除有约定解除和法定解除。

1. 约定解除

当事人协商一致，可以解除合同。当事人可以约定一方解除合同的条件。解除合同的条件成立时，解除权人可以解除合同。这样的合同解除是约定解除。

2. 法定解除

根据法律规定而解除合同。这样的合同解除是法定解除。

9.10.2 合同解除处理

合同解除后，监理工程师应参与合同解除后的善后工作。监理工程师应就施工单位在合同解除前的应得款项促请建设单位和施工单位进行协商并达成协议，同时还应就未完工的建设项目处理情况进行协商并达成协议。协议达成后，监理工程师应按达成的协议促请建设单

位和施工单位严格履行协议，圆满处理好善后工作。

本章小结

　　本章主要介绍建设工程合同管理内容，对合同管理做了简要介绍，重点介绍监理合同、勘察设计合同和建筑工程施工合同。要求掌握合同、监理合同、勘察合同、设计合同和建筑工程合同的基本概念，了解上述合同的基本内容。要求掌握工程暂停与复工、工程变更、费用索赔、工期延误、工程延期、合同争议、合同解除的基本概念以及这些内容的处理要求。

练习题

　　1. 合同的概念。

　　2. 监理合同的概念。

　　3. 勘察设计合同的概念。

　　4. 什么是工程变更？

　　5. 索赔的定义是什么？

　　6. 合同争议的含义。

　　7. 合同解除的概念。

　　8. 合同成立的要件。

　　9. 监理合同的管理工作。

　　10. 勘察设计合同的管理工作。

　　11. 工程暂停与复工的监理工作。

　　12. 工程变更的概念。

　　13. 工程变更的处理。

　　14. 索赔的处理。

　　15. 工期延误的处理。

　　16. 工程延期的处理。

　　17. 合同解除的处理工作。

第10章 建设工程监理资料管理

10.1 监理信息管理简述

监理信息是在建设工程监理实施过程中发生的与建设监理工作有关的一切信息。建设工程监理实施的过程就是建设工程建设信息管理的过程。建设监理工作的全部工作内容都依赖监理信息。建设监理工作目标的实现过程也是对监理信息收集、加工、整理、存储、传递、分析、处理与应用的过程。监理信息的表现形式有文字、数字、报表、图形、图像和声音等，监理信息通常是多种表现形式的组合。监理信息的分类可以按监理工作的职能划分为质量信息、投资信息、进度信息、安全信息、合同信息等；可以按信息来源划分为建设单位方面、施工单位方面、勘察设计方面、材料供应方面、监理单位自身方面、政府部门方面等；可以按建设阶段划分为工程施工准备阶段、工程施工实施阶段、工程竣工阶段、工程保修阶段等。

监理信息有如下特点：

1. 信息来源广泛

信息可以来自政府部门、建设单位、勘察单位、设计单位、施工单位和监理单位自身，也可以来自于建设工程相关的其他单位，如中介单位、材料设备供应单位等。

2. 信息量大

监理信息不仅涉及法律、法规、条例、办法、技术标准、技术规范、实施细则、勘察报告、设计图纸以及标准图集等，而且涉及设备、机械、机具、服务、材料、规格、型号、尺寸、价格等方方面面，还有大量施工现场随时出现的各种实时信息。这些信息都需要监理工程师及时掌握，充分利用。

3. 信息重复利用率高

同样的监理信息在不同监理工作中是可以重复利用的。

4. 信息传输距离长

监理信息形成在建设项目的不同阶段、不同地点，监理信息传递需要经过不同的部门、不同的人员、不同的介质等，监理信息从产生到到达传输终点，在时空距离和物理距离角度上看，传输距离都是很长的。

5. 信息具有系统性

建设项目的质量、进度和投资目标之间是互相紧密联系形成系统的，因此所形成的监理信息也同样具有明显的系统性。

6. 信息表现形式具有多样性

监理信息可以以文字、图表、图像及多媒体的形式表现。

监理信息对于建设工程监理工作的有效实施有着极其重要的作用。没有监理信息就无法实施建设监理工作。监理信息的作用体现在以下几点：

1. 目标控制的需要

监理工作在质量、进度、投资和安全目标控制过程中，监理信息是基础，没有信息或者信息失真，将无法有效进行监理的目标控制工作。监理信息贯穿于监理目标控制工作的各个环节，不可或缺。

2. 合同管理的需要

监理信息是合同管理的基础。合同管理工作，需要全面准确掌握合同信息情况，还要随时随地了解履行合同的情况。在处理合同纠纷时，需要在大量准确及时的信息基础上，依据合同和实际情况做出准确的判断和处理。

3. 组织协调的需要

组织协调工作面对的是众多的单位和不同的人员，不论是监理单位内部的组织协调还是监理单位外部的组织协调工作，都必须在掌握了不同单位和不同人员各种有用信息的基础上，做出有效的协调组织工作。

4. 监理决策的需要

没有可靠准确及时的监理信息作为支撑，是不可能做出正确决策的。

10.2　工程监理资料

10.2.1　概念

工程监理资料是建设项目监理机构在实施建设工程监理工作过程中形成的资料。工程监理资料是建设工程资料的重要组成部分。

10.2.2　监理资料管理

1. 监理资料的管理流程

项目监理机构应建立完善的建设工程监理资料管理流程。所有建设工程监理资料都应按流程管理。建设监理资料由专人负责收发和管理。

2. 监理资料的登记

所有建设监理资料应进行登记，记录文件资料的名称、摘要信息、文件资料的发放单位、文件编号以及收文的日期等。

3. 监理资料的传阅

监理资料应按管理流程传阅，资料管理监理人员做好管理工作，及时掌握传阅资料的去向，按时回收监理资料，保证监理资料的安全，并记录好监理资料的传阅过程及阅读的人员，必要时阅读人员需要签字。

4. 监理资料的发文

需要发出的监理文件资料，应按相关要求由有权的监理人员签名，需要盖章的按规定盖章。监理资料发文应进行登记，记录内容有文件名称、发给的单位、发出日期、签收人员、签收日期等。

5. 监理资料的归档

监理资料应按《建设工程监理规范》（GB/T 50319—2013）、《建设工程文件归档规范

（2019 年局部修订）》（GB/T 50328—2014）、《建筑工程资料管理规程》（JGJ/T 185—2009）及当地建设行政主管部门和建设档案管理部门的规定执行。归档的监理资料应是资料原件，如原件因故丢失，可以用复印件代替，但需要由处理单位和人员签字盖章并说明丢失原因。

10.3 监理月报

10.3.1 监理月报

监理月报是项目监理机构每月向建设单位提交的建设工程监理工作及建设工程实施情况分析总结报告。建设监理机构在监理工作实施期间，应按规定向建设单位报送监理月报。

10.3.2 监理月报编制

监理月报主要内容：

1. 本月工程实施情况

（1）工程进展情况；实际进度与计划进度的比较；施工单位人、机、料进场及使用情况；本期施工部位的工程照片。

（2）工程质量情况；检验批、分项工程和分部工程验收情况；材料、构配件、设备进场检验情况；主要施工试验情况；本期工程质量分析。

（3）施工单位安全生产管理工作评述。

（4）已完工程量与已付工程款的统计及说明。

2. 本月监理工作情况

（1）工程进度控制方面的工作情况；

（2）工程质量控制方面的工作情况；

（3）安全生产管理方面的工作情况；

（4）工程计量与工程款支付方面的工作情况；

（5）合同其他事项的管理工作情况；

（6）监理工作统计及工作照片。

3. 本月施工中存在的问题及处理情况

（1）工程进度控制方面的主要问题分析及处理情况；

（2）工程质量控制方面的主要问题分析及处理情况；

（3）施工单位安全生产管理方面的主要问题分析及处理情况；

（4）工程计量与工程款支付方面的主要问题分析及处理情况；

（5）合同等其他事项管理方面的主要问题分析及处理情况。

4. 下月监理工作重点

（1）在工程管理方面的监理工作重点；

（2）在项目监理机构内部管理方面的工作重点。

监理月报的编制应做到制度化、程序化、规范化。总监理工程师应把监理月报作为重要的工作来抓。监理月报应由总监理工程师组织专业监理工程师编写，由总监理工程师审核后签认并加盖项目监理机构印章后，按时报送建设单位和监理单位。

10.4　监理工作总结

10.4.1　监理工作总结

监理工作总结是项目监理机构在监理工作结束时,向建设单位提交的工作总结。监理工作总结应同时报监理单位。

10.4.2　监理工作总结编制

监理工作总结主要内容:

(1)工程概况;

(2)项目监理机构;

(3)建设工程监理合同履行情况;

(4)监理工作成效;

(5)监理工作中发现的问题及其处理情况;

(6)说明和建议。

监理工作总结由总监理工程师主持编写。

10.5　监理日志

10.5.1　监理日志

监理日志是项目监理机构每日对建设工程监理工作及建设工程实施情况所做的记录。它是实施监理活动的原始记录,是项目监理机构处理费用索赔、工程延期最重要的证明资料(监理日志是项目监理机构自身所做的,因此可以用监理日志印证施工单位提交的证明材料),同时也是分析工程问题的最重要、最原始、最可靠的材料之一。

10.5.2　监理日志内容

监理日志主要内容:

(1)天气和施工环境情况;

(2)施工进展情况;

(3)监理工作情况(包括旁站、巡视、见证取样、平行检验等情况);

(4)存在的问题及协调解决情况;

(5)其他有关事项。

10.5.3　监理日志的记录

监理日志必须及时、准确、完整、全面地记录与工程质量、进度、投资、安全相关的问题。监理日志必须用词准确、严谨、规范,应把当日所发生的问题、成因以及解决途径、方法记录下来,特别是主要事件、重大的施工活动必须记录在监理日志上。施工中存在的安全、质量隐患，影响投资、进度的事件必须全面、详细地记录。监理日志不仅能为项目监理机构的后续工作提供方便，同时还是费用索赔、工程延期的依据之一。

监理日志是记录建设工程项目监理实施过程中工程质量、进度、投资、安全等各方面最原始、最可靠的资料。在发生工程延期、费用索赔、工程结算的纠纷或法律诉讼的时候，监理日志将是最主要的证据之一，故项目监理机构应该妥善保管监理日志。监理日志未经总监理工程师批准，不可允许非项目监理机构人员查阅，若允许查阅的也不能复印和拍照。项目监理机构也不允许将监理日志提供给其他方，以免影响监理工作的公平、公正及其独立性。

本章小结

本章主要介绍建设监理资料管理内容。要求掌握工程监理资料、监理月报、监理工作总结和监理日志的概念。熟悉工程监理资料、监理月报、监理工作总结和监理日志的主要内容，了解监理信息的基本情况。

练习题

1. 监理信息的特点是什么？
2. 监理信息的作用是什么？
3. 工程监理资料的概念。
4. 监理月报的概念。
5. 监理工作总结的概念。
6. 监理日志的概念。
7. 监理资料管理的内容。
8. 监理月报的编制内容。
9. 监理工作总结的主要内容。
10. 监理日志的主要内容。
11. 监理日志记录的要求。

第11章　建设工程设备采购与设备监造

11.1　概述

11.1.1　建设工程设备

建设工程设备是指建设工程项目建设中所涉及的各种设备。建设项目一般分为工业建设项目和民用建设项目。工业建设项目设备费在建设项目投资中占大部分份额；民用建设项目随着人们对使用功能要求越来越高，设备费用在投资中的比重也越来越高。

建设工程设备包括以下类别：

(1)生产设备：炼化设备、冶炼设备、发电设备、纺织设备、机床等；

(2)动力与电器设备：变压器、配电箱、锅炉、发电机、电力电缆、输送管道等；

(3)建筑电气设备：照明电线、开关柜、开关箱、开关插座、各种灯器具等；

(4)建筑通风空调设备：制冷机、空调机、风机、通风管道等；

(5)建筑给排水采暖设备：阀门、管道、各种泵、采暖设备等；

(6)建筑智能设备：通话设备、监控设备、网络设备、报警设备等；

(7)建筑消防设备：灭火设备、自动报警设备等；

(8)建筑节能设备：节水器、节电器等；

(9)电梯设备；

(10)其他设备。

11.1.2　建设工程设备监造

建设工程设备监造是指项目监理机构按照建设工程监理合同和设备采购合同约定，对建设工程设备制造过程进行的监督检查。

一个建设工程项目既包括土建工程也包括工程设备工程，特别是工业项目更是如此。建设工程监理既要对土建工程进行监理，也要对设备安装进行监理，同时还需要对工程设备的制造进行监理，这在《建设工程监理规范》(GB/T 50319—2013)中称之为设备监造。设备监造最主要的目标是对设备质量、进度和投资的监理控制。设备监造能够做到利用第三方高智能的专业技术人才，对设备制造质量实行全过程的监控，促使设备制造商加强内部管理，提高产品质量意识，以确保制造出的设备符合设计要求，满足用户需求。

11.1.3　建设工程设备监造合同

建设工程设备监造同样属于建设工程监理的范畴，建设工程监理合同示范文本同样适用于建设工程设备监造，但需要根据设备监造的特点，制订与监造特点相适应同时又符合监理要求的具体内容。

其主要内容包括以下几点：

（1）工程概述；

（2）范围和内容；

（3）双方的权利和义务；

（4）监理费的计取和支付；

（5）违约责任；

（6）合同生效与终止；

（7）争议解决；

（8）其他事项。

11.2 设备采购监理

11.2.1 组建监理机构

建设监理单位应根据签订的建设监理合同组织合理有效的项目监理机构。项目监理机构应正确地选择和配置监理人员，明确监理人员的职责与分工。选配人员应注意以下三点：

（1）合理的专业结构。建设工程设备具有多专业性，项目监理机构应根据所监理工程设备的专业特点配备与之适应的专业监理人员。

（2）合理的职称结构。监理工作是高智能的技术服务，项目监理机构应根据工程设备监理的专业特点配备与之适应的职称结构，特别应尽量多配备具有中、高级职称的专业监理人员。

（3）合理的组织结构。不同的组织结构适合不同的监理工作。项目监理机构应根据所监理工程设备的专业特点选择与之相匹配的组织结构。

项目监理机构成立后，总监理工程师应及时组织监理人员熟悉和掌握设计文件的技术要求和有关的标准及拟采购设备的各项要求，明确监理过程中需要注意的事项。同时根据监理合同制定监理工作的流程、内容、方法和措施等，并据此编制监理规划和监理实施细则。

11.2.2 采购监理交底

总监理工程师组织项目监理机构监理人员对拟采购设备的技术要求、有关的商务要求、涉及的相关标准等事项全面了解，重点掌握，对监理人员进行监理交底，明确监理工作流程及各自的分工与职责。

11.2.3 实施采购监理

（1）编制采购方案；

（2）编制采购计划；

（3）协助选择供应单位；

（4）协助组织采购招标。

11.2.4　设备验收

建设工程设备按合同要求抵达指定地点后,项目监理机构应组织设备制造单位和设备采购单位(建设单位或设备安装单位)进行验收。验收内容包括品种规格核对、数量清点、外观检查、质量证明文件清点移交等。验收合格后,由设备制造单位与设备采购单位办理交接手续,完成设备验收工作。

11.2.5　设备安装验收

建设工程设备安装完成后,项目监理机构应组织设备安装单位对设备进行试车验收。试车验收合格的,应由建设单位与安装单位办理验收手续。

11.2.6　编制监理工作总结

建设工程设备采购监理工作结束后,总监理工程师组织项目监理机构监理人员及时编写监理工作总结,并向建设单位提交建设工程设备采购监理工作总结,同时报监理单位。

11.3　设备监造监理

11.3.1　组建监理机构

建设监理单位应根据签订的建设工程设备监造合同组织合理有效的项目监理机构。项目监理机构应正确地选择和配置监理人员,明确监理人员的职责与分工。选配人员时应合理考虑专业、职称与组织结构。项目监理机构应进驻设备制造现场,因此选派的监理人员更应注重现场实践经验。

11.3.2　监造监理交底

总监理工程师组织项目监理机构监理人员熟悉监造设计图纸,使其全面了解,重点掌握监造设备的技术要求、有关的商务要求、涉及的相关标准等事项,对监理人员进行监理交底,明确监理工作流程及各自的分工与职责。

11.3.3　编制监理规划与监理实施细则

在签订完监造监理合同后,总监理工程师应组织专业监理工程师及时根据相关合同、设计图纸及其他技术资料编制监理规划指导设备监造工作。监理规划经监理公司审批后应在设备制造开始前及时报建设单位。在设备制造过程中,项目监理机构专业监理工程师应在监理规划指导下开展设备监造监理工作,并应根据设备制造进展情况,编制更有针对性、更详细、更具可操作性的监理实施细则。监理实施细则应在所涉及的设备制造开始前完成,并经总监理工程师批准。

11.3.4　监造监理实施

(1)审查制造单位资质；
(2)审查制造生产方案；
(3)实施监造过程质量监理；
(4)实施监造进度控制工作；
(5)实施监造投资控制工作；
(6)设备运输过程监理。

11.3.5　设备验收

设备运至安装现场后，项目监理机构应组织设备制造单位和设备安装单位(或建设单位)进行验收。验收内容包括品种规格核对、数量清点、外观检查、质量证明文件清点移交等。验收合格后，由设备制造单位与设备安装单位(或建设单位)办理交接手续，完成设备验收工作。

监造设备的安装验收参见 11.2.5 节。

11.3.6　编制监造工作总结

建设工程设备监造工作结束后，总监理工程师组织项目监理机构监理人员及时编写监造工作总结，并向建设单位提交建设工程设备采购监造工作总结，同时报监理单位。

本章小结

本章介绍建设监理工作中的建设工程设备采购与设备监造监理工作。要求掌握建设工程设备监造的概念，了解建设工程设备的分类、建设工程设备监造合同等内容，熟悉设备采购监理与设备监造监理的步骤与内容。

练习题

1. 什么是建设工程设备监造?
2. 建设工程设备监造合同的主要内容。
3. 建设工程设备采购监理的主要内容。
4. 建设工程设备监造监理的主要内容。

第 12 章　相关服务

12.1　概念

相关服务是工程监理单位受建设单位委托,按照建设工程监理合同约定,在建设工程勘察、设计、保修等阶段提供的服务活动。

12.2　工程勘察设计阶段服务

12.2.1　工程勘察与设计

工程勘察是由具备相应资质的工程地质勘查单位,为满足工程建设的规划、设计、施工、运营及综合治理等需要,对地形、地质及水文等状况进行测绘、勘探测试,并提供相应成果和资料的活动。

工程设计是由具备相应资质的工程设计单位,根据建设工程和法律法规的要求,对建设工程所需的技术、经济、资源、环境等条件进行综合分析、论证,编制建设工程设计文件,提供相关服务的活动。工程设计包括总图、工艺设备、自动控制、建筑、结构、技术经济等方面。

12.2.2　工程勘察设计阶段监理工作

(1)协助建设单位编制勘察设计任务书;

(2)协助建设单位审查勘察设计单位的资信情况;

(3)协助建设单位审查勘察设计单位提出的勘察方案,主要审查方案合理性、技术可靠性、设备适用性以及勘察设计进度安排是否能够实现合同要求;

(4)勘察设计过程的监理,主要任务是勘察设计过程的进度控制和质量控制。

(5)勘察设计合同的管理,处理索赔、洽商等有关事项。

(6)勘察设计成果的审核,保证勘察设计成果符合合同要求。

(7)编写勘察设计阶段监理工作总结报告,提交建设单位,并报监理单位。

12.3　工程保修阶段服务

12.3.1　工程质量保修

房屋建筑工程的质量保修是指对房屋建筑工程竣工验收后在保修期限内出现的质量缺

陷，予以修复。质量缺陷则是指房屋建筑工程的质量不符合工程建设强制性标准以及合同的约定。

房屋建筑工程在保修范围和保修期限内出现质量缺陷，施工单位应当履行保修义务。建设单位和施工单位应当在工程质量保修书中约定保修范围、保修期限和保修责任等，双方约定的保修范围、保修期限必须符合国家有关规定。

在正常使用下，房屋建筑工程的最低保修期限如下：

（1）地基基础和主体结构工程，为设计文件规定的该工程的合理使用年限；

（2）屋面防水工程、有防水要求的卫生间、房间和外墙面的防渗漏，为5年；

（3）供热与供冷系统，为2个采暖期、供冷期；

（4）电气系统、给排水管道、设备安装为2年；

（5）装修工程为2年。

其他项目的保修期限由建设单位和施工单位约定。

房屋建筑工程保修期从工程竣工验收合格之日起计算。

12.3.2　工程保修阶段监理服务工作

（1）工程监理单位应定期回访；

（2）对建设单位或使用单位提出的工程质量缺陷，工程监理单位应安排监理人员进行检查和记录，要求施工单位予以修复，并监督实施，合格后予以签认；

（3）工程监理单位应对工程质量缺陷原因进行调查分析，并确定责任归属。

（4）对非施工单位原因造成的工程质量缺陷，应核实修复工程费用，签发工程款支付证书，并报建设单位。

（5）保修期满，工程监理单位应核实保修费的使用情况，在扣除应支付的修复工程费用后，应促请建设单位及时返还给施工单位保修费的余额。

本章小结

本章介绍建设监理工作相关服务的内容。要求掌握相关服务、工程勘察、工程设计、工程质量保修等基本概念，熟悉工程勘察设计阶段与工程保修阶段的监理工作内容。

练习题

1. 什么是相关服务？

2. 什么是工程勘察和工程设计？

3. 什么是工程质量保修？

4. 工程勘察设计阶段监理工作内容。

5. 工程质量保修阶段监理工作内容。

附　录

附录1　《建设工程监理规范》(GB/B 50319—2013)

(2014年3月1日起实施)

1　总　则

1.0.1　为规范建设工程监理与相关服务行为，提高建设工程监理与相关服务水平，制定本规范。

1.0.2　本规范适用于新建、扩建、改建建设工程监理与相关服务活动。

1.0.3　实施建设工程监理前，建设单位必须委托具有相应资质的工程监理单位，并以书面形式与工程监理单位订立建设工程监理合同，合同中应包括监理工作的范围、内容、服务期限和酬金，以及双方的义务、违约责任等相关条款。

在订立建设工程监理合同时，建设单位将勘察、设计、保修阶段等相关服务一并委托的，应在合同中明确相关服务的工作范围、内容、服务期限和酬金等相关条款。

1.0.4　工程开工前，建设单位应将工程监理单位的名称，监理的范围、内容和权限及总监理工程师的姓名书面通知施工单位。

1.0.5　在建设工程监理工作范围内，建设单位与施工单位之间涉及施工合同的联系活动，应通过工程监理单位进行。

1.0.6　实施建设工程监理应遵循以下主要依据：

1.法律法规及工程建设标准；

2.建设工程勘察设计文件；

3.建设工程监理合同及其他合同文件。

1.0.7　建设工程监理应实行总监理工程师负责制。

1.0.8　建设工程监理宜实施信息化管理。

1.0.9　工程监理单位应公平、独立、诚信、科学地开展建设工程监理与相关服务活动。

1.0.10　建设工程监理与相关服务活动，除应符合本规范外，尚应符合国家现行有关标准的规定。

2　术　语

2.0.1　工程监理单位

依法成立并取得建设主管部门颁发的工程监理企业资质证书，从事建设工程监理与相关服务活动的服务机构。

2.0.2 建设工程监理

工程监理单位受建设单位委托，根据法律法规、工程建设标准、勘察设计文件及合同，在施工阶段对建设工程质量、进度、造价进行控制，对合同、信息进行管理，对工程建设相关方的关系进行协调，并履行建设工程安全生产管理法定职责的服务活动。

2.0.3 相关服务

工程监理单位受建设单位委托；按照建设工程监理合同约定，在建设工程勘察、设计、保修等阶段提供的服务活动。

2.0.4 项目监理机构

工程监理单位派驻工程负责履行建设工程监理合同的组织机构。

2.0.5 注册监理工程师

取得国务院建设主管部门颁发的《中华人民共和国注册监理工程师注册执业证书》和执业印章，从事建设工程监理与相关服务等活动的人员。

2.0.6 总监理工程师

由工程监理单位法定代表人书面任命，负责履行建设工程监理合同、主持项目监理机构工作的注册监理工程师。

2.0.7 总监理工程师代表

经工程监理单位法定代表人同意，由总监理工程师书面授权，代表总监理工程师行使其部分职责和权力，具有工程类注册执业资格或具有中级及以上专业技术职称、3 年及以上工程实践经验并经监理业务培训的人员。

2.0.8 专业监理工程师

由总监理工程师授权，负责实施某一专业或某一岗位的监理工作，有相应监理文件签发权，具有工程类注册执业资格或具有中级及以上专业技术职称、2 年及以上工程实践经验并经监理业务培训的人员。

2.0.9 监理员

从事具体监理工作，具有中专及以上学历并经过监理业务培训的人员。

2.0.10 监理规划

项目监理机构全面开展建设工程监理工作的指导性文件。

2.0.11 监理实施细则

针对某一专业或某一方面建设工程监理工作的操作性文件。

2.0.12 工程计量

根据工程设计文件及施工合同约定，项目监理机构对施工单位申报的合格工程的工程量进行的核验。

2.0.13 旁站

项目监理机构对工程的关键部位或关键工序的施工质量进行的监督活动。

2.0.14 巡视

项目监理机构对施工现场进行的定期或不定期的检查活动。

2.0.15 平行检验

项目监理机构在施工单位自检的同时，按有关规定、建设工程监理合同约定对同一检验项目进行的检测试验活动。

2.0.16 见证取样

项目监理机构对施工单位进行的涉及结构安全的试块、试件及工程材料现场取样、封样、送检工作的监督活动。

2.0.17 工程延期

由于非施工单位原因造成合同工期延长的时间。

2.0.18 工期延误

由于施工单位自身原因造成施工期延长的时间。

2.0.19 工程临时延期批准

发生非施工单位原因造成的持续性影响工期事件时所作出的临时延长合同工期的批准。

2.0.20 工程最终延期批准

发生非施工单位原因造成的持续性影响工期事件时所作出的最终延长合同工期的批准。

2.0.21 监理日志

项目监理机构每日对建设工程监理工作及施工进展情况所做的记录。

2.0.22 监理月报

项目监理机构每月向建设单位提交的建设工程监理工作及建设工程实施情况等分析总结报告。

2.0.23 设备监造

项目监理机构按照建设工程监理合同和设备采购合同约定，对设备制造过程进行的监督检查活动。

2.0.24 监理文件资料

工程监理单位在履行建设工程监理合同过程中形成或获取的，以一定形式记录、保存的文件资料。

3 项目监理机构及其设施

3.1 一般规定

3.1.1 工程监理单位实施监理时，应在施工现场派驻项目监理机构。项目监理机构的组织形式和规模，可根据建设工程监理合同约定的服务内容、服务期限，以及工程特点、规模、技术复杂程度、环境等因素确定。

3.1.2 项目监理机构的监理人员应由总监理工程师、专业监理工程师和监理员组成，且专业配套、数量应满足建设工程监理工作需要，必要时可设总监理工程师代表。

3.1.3 工程监理单位在建设工程监理合同签订后，应及时将项目监理机构的组织形式、人员构成及对总监理工程师的任命书面通知建设单位。

总监理工程师任命书应按本规范表 A.0.1 的要求填写。

3.1.4 工程监理单位调换总监理工程师时，应征得建设单位书面同意；调换专业监理工程师时，总监理工程师应书面通知建设单位。

3.1.5 一名总监理工程师可担任一项建设工程监理合同的总监理工程师。当需要同时担任多项建设工程监理合同的总监理工程师时，应经建设单位书面同意，且最多不得超过三项。

3.1.6 施工现场监理工作全部完成或建设工程监理合同终止时，项目监理机构可撤离施工现场。

3.2 监理人员职责

3.2.1 总监理工程师应履行下列职责：

1 确定项目监理机构人员及其岗位职责。

2 组织编制监理规划，审批监理实施细则。

3 根据工程进展及监理工作情况调配监理人员，检查监理人员工作。

4 组织召开监理例会。

5 组织审核分包单位资格。

6 组织审查施工组织设计、(专项)施工方案。

7 审查开复工报审表，签发工程开工令、暂停令和复工令。

8 组织检查施工单位现场质量、安全生产管理体系的建立及运行情况。

9 组织审核施工单位的付款申请，签发工程款支付证书，组织审核竣工结算。

10 组织审查和处理工程变更。

11 调解建设单位与施工单位的合同争议，处理工程索赔。

12 组织验收分部工程，组织审查单位工程质量检验资料。

13 审查施工单位的竣工申请，组织工程竣工预验收，组织编写工程质量评估报告，参与工程竣工验收。

14 参与或配合工程质量安全事故的调查和处理。

15 组织编写监理月报、监理工作总结，组织整理监理文件资料。

3.2.2 总监理工程师不得将下列工作委托给总监理工程师代表：

1 组织编制监理规划，审批监理实施细则。

2 根据工程进展及监理工作情况调配监理人员。

3 组织审查施工组织设计、(专项)施工方案。

4 签发工程开工令、暂停令和复工令。

5 签发工程款支付证书，组织审核竣工结算。

6 调解建设单位与施工单位的合同争议，处理工程索赔。

7 审查施工单位的竣工申请，组织工程竣工预验收，组织编写工程质量评估报告，参与工程竣工验收。

8 参与或配合工程质量安全事故的调查和处理。

3.2.3 专业监理工程师应履行下列职责：

1 参与编制监理规划，负责编制监理实施细则。

2 审查施工单位提交的涉及本专业的报审文件，并向总监理工程师报告。

3 参与审核分包单位资格。

4 指导、检查监理员工作，定期向总监理工程师报告本专业监理工作实施情况。

5 检查进场的工程材料、构配件、设备的质量。

6 验收检验批、隐蔽工程、分项工程，参与验收分部工程。

7 处置发现的质量问题和安全事故隐患。

8 进行工程计量。

9 参与工程变更的审查和处理。

10 组织编写监理日志,参与编写监理月报。

11 收集、汇总、参与整理监理文件资料。

12 参与工程竣工预验收和竣工验收。

3.2.4 监理员应履行下列职责:

1 检查施工单位投入工程的人力、主要设备的使用及运行状况。

2 进行见证取样。

3 复核工程计量有关数据。

4 检查工序施工结果。

5 发现施工作业中的问题,及时指出并向专业监理工程师报告。

3.3 监理设施

3.3.1 建设单位应按建设工程监理合同约定,提供监理工作需要的办公,交通、通讯生活等设施。

项目监理机构宜妥善使用和保管建设单位提供的设施,并应按建设工程监理合同约定的时间移交建设单位。

3.3.2 工程监理单位宜按建设工程监理合同约定,配备满足监理工作需要的检测设备和工器具。

4 监理规划及监理实施细则

4.1 一般规定

4.1.1 监理规划应结合工程实际情况,明确项目监理机构的工作目标,确定具体的监理工作制度、内容、程序、方法和措施。

4.1.2 监理实施细则应符合监理规划的要求,并应具有可操作性。

4.2 监理规划

4.2.1 监理规划可在签订建设工程监理合同及收到工程设计文件后由总监理工程师组织编制,并应在召开第一次工地会议前报送建设单位。

4.2.2 监理规划编审应遵循下列程序:

1 总监理工程师组织专业监理工程师编制。

2 总监理工程师签字后由工程监理单位技术负责人审批。

4.2.3 监理规划应包括下列主要内容:

1 工程概况。

2 监理工作的范围、内容、目标。

3 监理工作依据。

4 监理组织形式、人员配备及进退场计划、监理人员岗位职责。

5 监理工作制度。

6 工程质量控制。

7 工程造价控制。

8 工程进度控制。

9 安全生产管理的监理工作。

10 合同与信息管理。

11 组织协调。

12 监理工作设施。

4.2.4 在实施建设工程监理过程中，实际情况或条件发生变化而需要调整监理规划时，应由总监理工程师组织专业监理工程师修改，并应经工程监理单位技术负责人批准后报建设单位。

4.3 监理实施细则

4.3.1 对专业性较强、危险性较大的分部分项工程项目管理机构应编制监理实施细则。

4.3.2 监理实施细则应在相应工程施工开始前由专业监理工程师编制，并应报总监理工程师审批。

4.3.3 监理实施细则的编制应依据下列资料：

1 监理规划。

2 工程建设标准、工程设计文件。

3 施工组织设计、(专项)施工方案。

4.3.4 监理实施细则应包括下列主要内容：

1 专业工程特点。

2 监理工作流程。

3 监理工作要点。

4 监理工作方法及措施。

4.3.5 在实施建设工程监理过程中，监理实施细则可根据实际情况进行补充、修改，并应经总监理工程师批准后实施。

5 工程质量、造价、进度控制及安全生产管理的监理工作

5.1 一般规定

5.1.1 项目监理机构应根据建设工程监理合同约定，遵循动态控制原理，坚持预防为主的原则，制定和实施相应的监理措施，采用旁站、巡视和平行检验等方式对建设工程实施监理。

5.1.2 监理人员应熟悉工程设计文件，并应参加建设单位主持的图纸会审和设计交底会议，会议纪要应由总监理工程师签认。

5.1.3 工程开工前，监理人员应参加由建设单位主持召开的第一次工地会议，会议纪要应由项目监理机构负责整理，与会各方代表应会签。

5.1.4 项目监理机构应定期召开监理例会，并组织有关单位研究解决与监理相关的问题。项目监理机构可根据工程需要，主持或参加专题会议，解决监理工作范围内工程专项问题。

监理例会以及由项目监理机构主持召开的专题会议的会议纪要，应由项目监理机构负责整理，与会各方代表应会签。

5.1.5 项目监理机构应协调工程建设相关方的关系。项目监理机构与工程建设相关方之间的工作联系，除另有规定外宜采用工作联系单形式进行。

工作联系单应按本规范表 C.0.1 的要求填写。

5.1.6 项目监理机构应审查施工单位报审的施工组织设计，符合要求时，应由总监理

工程师签认后报建设单位。项目监理机构应要求施工单位按已批准的施工组织设计组织施工。施工组织设计需要调整时,项目监理机构应按程序重新审查。

施工组织设计审查应包括下列基本内容:

1 编审程序应符合相关规定。

2 施工进度、施工方案及工程质量保证措施应符合施工合同要求。

3 资金、劳动力、材料、设备等资源供应计划应满足工程施工需要。

4 安全技术措施应符合工程建设强制性标准。

5 施工总平面布置应科学合理。

5.1.7 施工组织设计或(专项)施工方案报审表,应按本规范表 B.0.1 的要求填写。

5.1.8 总监理工程师应组织专业监理工程师审查施工单位报送的开工报审表及相关资料;同时具备下列条件时,应由总监理工程师签署审查意见,并应报建设单位批准后,总监理工程师签发工程开工令:

1 设计交底和图纸会审已完成。

2 施工组织设计已由总监理工程师签认。

3 施工单位现场质量、安全生产管理体系已建立,管理及施工人员已到位,施工机械具备使用条件,主要工程材料已落实。

4 进场道路及水、电、通信等已满足开工要求。

5.1.9 开工报审表应按本规范表 B.0.2 的要求填写。工程开工令应按本规范表 A.0.2 的要求填写。

5.1.10 分包工程开工前,项目监理机构应审核施工单位报送的分包单位资格报审表,专业监理工程师提出审查意见后,应由总监理工程师审核签认。

分包单位资格审核应包括下列基本内容:

1 营业执照、企业资质等级证书。

2 安全生产许可文件。

3 类似工程业绩。

4 专职管理人员和特种作业人员的资格。

5.1.11 分包单位资格报审表应按本规范表 B.0.4 的要求填写。

5.1.12 项目监理机构宜根据工程特点、施工合同、工程设计文件及经过批准的施工组织设计对工程进行风险分析,并宜制定工程质量、造价、进度目标控制及安全生产管理的防范性对策。

5.2 工程质量控制

5.2.1 工程开工前,项目监理机构应审查施工单位现场的质量管理组织机构、管理制度及专职管理人员和特种作业人员的资格。

5.2.2 总监理工程师应组织专业监理工程师审查施工单位报审的施工方案,符合要求后应予以签认。

施工方案审查应包括下列基本内容:

1 编审程序应符合相关规定。

2 工程质量保证措施应符合有关标准。

5.2.3 施工方案报审表应按本规范表 B.0.1 的要求填写。

5.2.4 专业监理工程师应审查施工单位报送的新材料、新工艺、新技术、新设备的质量认证材料和相关验收标准的适用性，必要时，应要求施工单位组织专题论证，审查合格后报总监理工程师签认。

5.2.5 专业监理工程师应检查、复核施工单位报送的施工控制测量成果及保护措施，签署意见。专业监理工程师应对施工单位在施工过程中报送的施工测量放线成果进行查验。

施工控制测量成果及保护措施的检查、复核，应包括下列内容：

1 施工单位测量人员的资格证书及测量设备检定证书。

2 施工平面控制网、高程控制网和临时水准点的测量成果及控制桩的保护措施。

5.2.6 施工控制测量成果报验表应按本规范表 B.0.5 的要求填写。

5.2.7 专业监理工程师应检查施工单位为本工程提供服务的试验室。

试验室的检查应包括下列内容：

1 试验室的资质等级及试验范围。

2 法定计量部门对试验设备出具的计量检定证明。

3 试验室管理制度。

4 试验人员资格证书。

5.2.8 施工单位的试验室报审表应按本规范表 B.0.7 的要求填写。

5.2.9 项目监理机构应审查施工单位报送的用于工程的材料、构配件、设备的质量证明文件，并应按有关规定、建设工程监理合同约定，对用于工程的材料进行见证取样，平行检验。

项目监理机构对已进场经检验不合格的工程材料、构配件、设备，应要求施工单位限期将其撤出施工现场。

工程材料、构配件或设备报审表应按本规范表 B.0.6 的要求填写。

5.2.10 专业监理工程师应审查施工单位定期提交影响工程质量的计量设备的检查和检定报告。

5.2.11 项目监理机构应根据工程特点和施工单位报送的施工组织设计，确定旁站的关键部位、关键工序，安排监理人员进行旁站，并应及时记录旁站情况。

旁站记录应按本规范表 A.0.6 的要求填写。

5.2.12 项目监理机构应安排监理人员对工程施工质量进行巡视。巡视应包括下列主要内容：

1 施工单位是否按工程设计文件、工程建设标准和批准的施工组织设计、（专项）施工方案施工。

2 使用的工程材料、构配件和设备是否合格。

3 施工现场管理人员，特别是施工质量管理人员是否到位。

4 特种作业人员是否持证上岗。

5.2.13 项目监理机构应根据工程特点、专业要求，以及建设工程监理合同约定，对施工质量进行平行检验。

5.2.14 项目监理机构应对施工单位报验的隐蔽工程、检验批、分项工程和分部工程进行验收，对验收合格的应给予签认，对验收不合格的应拒绝签认，同时应要求施工单位在指定的时间内整改并重新报验。

对已同意覆盖的工程隐蔽部位质量有疑问的，或发现施工单位私自覆盖工程隐蔽部位的，项目监理机构应要求施工单位对该隐蔽部位进行钻孔探测、剥离或其他方法进行重新检验。

隐蔽工程、检验批、分项工程报验表应按本规范表 B.0.7 的要求填写。分部工程报验表应按本规范表 B.0.8 的要求填写。

5.2.15　项目监理机构发现施工存在质量问题的，或施工单位采用不适当的施工工艺，或施工不当，造成工程质量不合格的，应及时签发监理通知单，要求施工单位整改。整改完毕后，项目监理机构应根据施工单位报送的监理通知回复对整改情况进行复查，提出复查意见。

监理通知单应按本规范表 A.0.3 的要求填写，监理通知回复单应按本规范表 B.0.9 的要求填写。

5.2.16　对需要返工处理或加固补强的质量缺陷，项目监理机构应要求施工单位报送经设计等相关单位认可的处理方案，并应对质量缺陷的处理过程进行跟踪检查，同时应对处理结果进行验收。

5.2.17　对需要返工处理或加固补强的质量事故，项目监理机构应要求施工单位报送质量事故调查报告和经设计等相关单位认可的处理方案，并应对质量事故的处理过程进行跟踪检查，同时应对处理结果进行验收。

项目监理机构应及时向建设单位提交质量事故书面报告，并应将完整的质量事故处理记录整理归档。

5.2.18　项目监理机构应审查施工单位提交的单位工程竣工验收报审表及竣工资料，组织工程竣工预验收。存在问题的，应要求施工单位及时整改；合格的，总监理工程师应签认单位工程竣工验收报审表。

单位工程竣工验收报审表应按本规范表 B.0.10 的要求填写。

5.2.19　工程竣工预验收合格后，项目监理机构应编写工程质量评估报告，并应经总监理工程师和工程监理单位技术负责人审核签字后报建设单位。

5.2.20　项目监理机构应参加由建设单位组织的竣工验收，对验收中提出的整改问题，应督促施工单位及时整改。工程质量符合要求的，总监理工程师应在工程竣工验收报告中签署意见。

5.3　工程造价控制

5.3.1　项目监理机构应按下列程序进行工程计量和付款签证：

1　专业监理工程师对施工单位在工程款支付报审表中提交的工程量和支付金额进行复核，确定实际完成的工程量，提出到期应支付给施工单位的金额，并提出相应的支持性材料。

2　总监理工程师对专业监理工程师的审查意见进行审核，签认后报建设单位审批。

3　总监理工程师根据建设单位的审批意见，向施工单位签发工程款支付证书。

5.3.2　工程款支付报审表应按本规范表 B.0.11 的要求填写，工程款支付证书应按本规范表 A.0.8 的要求填写。

5.3.3　项目监理机构应建立月完成工程量统计表，对实际完成量与计划完成量进行比较分析，发现偏差的，应提出调整建议，并应在监理月报中向建设单位报告。

5.3.4　项目监理机构应按下列程序进行竣工结算款审核：

1 专业监理工程师审查施工单位提交的竣工结算款支付申请，提出审查意见。

2 总监理工程师对专业监理工程师的审查意见进行审核，签认后报建设单位审批，同时抄送施工单位，并就工程竣工结算事宜与建设单位、施工单位协商；达成一致意见的，根据建设单位审批意见向施工单位签发竣工结算款支付证书；不能达成一致意见的，应按施工合同约定处理。

5.3.5 工程竣工结算款支付报审表应按本规范表 B.0.11 的要求填写，竣工结算款支付证书应按本规范表 A.0.8 的要求填写。

5.4 工程进度控制

5.4.1 项目监理机构应审查施工单位报审的施工总进度计划和阶段性施工进度计划，提出审查意见，并应由总监理工程师审核后报建设单位。

施工进度计划审查应包括下列基本内容：

1 施工进度计划应符合施工合同中工期的约定。

2 施工进度计划中主要工程项目无遗漏，应满足分批投入试运、分批动用的需要，阶段性施工进度计划应满足总进度控制目标的要求。

3 施工顺序的安排应符合施工工艺要求。

4 施工人员、工程材料、施工机械等资源供应计划应满足施工进度计划的需要。

5 施工进度计划应符合建设单位提供的资金、施工图纸、施工场地、物资等施工条件。

5.4.2 施工进度计划报审表应按本规范表 B.0.12 的要求填写。

5.4.3 项目监理机构应检查施工进度计划的实施情况，发现实际进度严重滞后于计划进度且影响合同工期时，应签发监理通知单，要求施工单位采取调整措施加快施工进度。总监理工程师应向建设单位报告工期延误风险。

5.4.4 项目监理机构应比较分析工程施工实际进度与计划进度，预测实际进度对工程总工期的影响，并应在监理月报中向建设单位报告工程实际进展情况。

5.5 安全生产管理的监理工作

5.5.1 项目监理机构应根据法律法规、工程建设强制性标准，履行建设工程安全生产管理的监理职责；并应将安全生产管理的监理工作内容、方法和措施纳入监理规划及监理实施细则。

5.5.2 项目监理机构应审查施工单位现场安全生产规章制度的建立和实施情况，并应审查施工单位安全生产许可证及施工单位项目经理、专职安全生产管理人员和特种作业人员的资格，同时应核查施工机械和设施的安全许可验收手续。

5.5.3 项目监理机构应审查施工单位报审的专项施工方案，符合要求的，应由总监理工程师签认后报建设单位。超过一定规模的危险性较大的分部分项工程的专项施工方案，应检查施工单位组织专家进行论证、审查的情况，以及是否附具安全验算结果。项目监理机构应要求施工单位按已批准的专项施工方案组织施工。专项施工方案需要调整时，施工单位应按程序重新提交项目监理机构审查。

专项施工方案审查应包括下列基本内容：

1 编审程序应符合相关规定。

2 安全技术措施应符合工程建设强制性标准。

5.5.4 专项施工方案报审表应按本规范表 B.0.1 的要求填写。

5.5.5 项目监理机构应巡视检查危险性较大的分部分项工程专项施工方案实施情况。发现未按专项施工方案实施时，应签发监理通知单，要求施工单位按专项施工方案实施。

5.5.6 项目监理机构在实施监理过程中，发现工程存在安全事故隐患时，应签发监理通知单，要求施工单位整改；情况严重时，应签发工程暂停令，并应及时报告建设单位。施工单位拒不整改或不停止施工时，项目监理机构应及时向有关主管部门报送监理报告。

监理报告应按本规范表 A.0.4 的要求填写。

6 工程变更、索赔及施工合同争议处理

6.1 一般规定

6.1.1 项目监理机构应依据建设工程监理合同约定进行施工合同管理，处理工程暂停及复工、工程变更、索赔及施工合同争议、解除等事宜。

6.1.2 施工合同终止时，项目监理机构应协助建设单位按施工合同约定处理施工合同终止的有关事宜。

6.2 工程暂停及复工

6.2.1 总监理工程师在签发工程暂停令时，可根据停工原因的影响范围和影响程度，确定停工范围，并应按施工合同和建设工程监理合同的约定签发工程暂停令。

6.2.2 项目监理机构发现下列情况之一时，总监理工程师应及时签发工程暂停令：

1 建设单位要求暂停施工且工程需要暂停施工的。

2 施工单位未经批准擅自施工或拒绝项目监理机构管理的。

3 施工单位未按审查通过的工程设计文件施工的。

4 施工单位违反工程建设强制性标准的。

5 施工存在重大质量、安全事故隐患或发生质量、安全事故的。

6.2.3 总监理工程师签发工程暂停令应事先征得建设单位同意，在紧急情况下未能事先报告的，应在事后及时向建设单位作出书面报告。

工程暂停令应按本规范附录 A.0.5 的要求填写。

6.2.4 暂停施工事件发生时，项目监理机构应如实记录所发生的情况。

6.2.5 总监理工程师应会同有关各方按施工合同约定，处理因工程暂停引起的与工期、费用有关的问题。

6.2.6 因施工单位原因暂停施工时，项目监理机构应检查、验收施工单位的停工整改过程、结果。

6.2.7 当暂停施工原因消失、具备复工条件时，施工单位提出复工申请的，项目监理机构应审查施工单位报送的复工报审表及有关材料，符合要求后，总监理工程师应及时签署审查意见，并应报建设单位批准后签发工程复工令；施工单位未提出复工申请的，总监理工程师应根据工程实际情况指令施工单位恢复施工。

工程复工报审表应按本规范表 B.0.3 的要求填写，工程复工令应按本规范表 A.0.7 的要求填写。

6.3 工程变更

6.3.1 项目监理机构可按下列程序处理施工单位提出的工程变更

1 总监理工程师组织专业监理工程师审查施工单位提出的工程变更申请，提出审查意

见。对涉及工程设计文件修改的工程变更，应由建设单位转交原设计单位修改工程设计文件。必要时，项目监理机构应建议建设单位组织设计、施工等单位召开论证工程设计文件的修改方案的专题会议。

2 总监理工程师组织专业监理工程师对工程变更费用及工期影响作出评估。

3 总监理工程师组织建设单位、施工单位等共同协商确定工程变更费用及工期变化，会签工程变更单。

4 项目监理机构根据批准的工程变更文件监督施工单位实施工程变更。

6.3.2 工程变更单应按本规范表 C.0.2 的要求填写。

6.3.3 项目监理机构可在工程变更实施前与建设单位、施工单位等协商确定工程变更的计价原则、计价方法或价款。

6.3.4 建设单位与施工单位未能就工程变更费用达成协议时，项目监理机构可提出一个暂定价格并经建设单位同意，作为临时支付工程款的依据。工程变更款项最终结算时，应以建设单位与施工单位达成的协议为依据。

6.3.5 项目监理机构可对建设单位要求的工程变更提出评估意见，并应督促施工单位按会签后的工程变更单组织施工。

6.4 费用索赔

6.4.1 项目监理机构应及时收集、整理有关工程费用的原始资料，为处理费用索赔提供证据。

6.4.2 项目监理机构处理费用索赔的主要依据应包括下列内容：

1 法律法规。

2 勘察设计文件、施工合同文件。

3 工程建设标准。

4 索赔事件的证据。

6.4.3 项目监理机构可按下列程序处理施工单位提出的费用索赔：

1 受理施工单位在施工合同约定的期限内提交的费用索赔意向通知书。

2 收集与索赔有关的资料。

3 受理施工单位在施工合同约定的期限内提交的费用索赔报审表。

4 审查费用索赔报审表。需要施工单位进一步提交详细资料时，应在施工合同约定的期限内发出通知。

5 与建设单位和施工单位协商一致后，在施工合同约定的期限内签发费用索赔报审表，并报建设单位。

6.4.4 费用索赔意向通知书应按本规范表 C.0.3 的要求填写；费用索赔报审表应按规范表 B.0.13 的要求填写。

6.4.5 项目监理机构批准施工单位费用索赔应同时满足下列条件：

1 施工单位在施工合同约定的期限内提出费用索赔。

2 索赔事件是因非施工单位原因造成，且符合施工合同约定。

3 索赔事件造成施工单位直接经济损失。

6.4.6 当施工单位的费用索赔要求与工程延期要求相关联时，项目监理机构可提出费用索赔和工程延期的综合处理意见，并应与建设单位和施工单位协商。

6.4.7　因施工单位原因造成建设单位损失，建设单位提出索赔时，项目监理机构应与建设单位和施工单位协商处理。

6.5　工程延期及工期延误

6.5.1　施工单位提出工程延期要求符合施工合同约定时，项目监理机构应予以受理。

6.5.2　当影响工期事件具有持续性时，项目监理机构应对施工单位提交的阶段性工程临时延期报审表进行审查，并应签署工程临时延期审核意见后报建设单位。

当影响工期事件结束后，项目监理机构应对施工单位提交的工程最终延期报审表进行审查，并应签署工程最终延期审核意见后报建设单位。

工程临时延期报审表和工程最终延期报审表应按本规范表 B.0.14 的要求填写。

6.5.3　项目监理机构在批准工程临时延期、工程最终延期批准前，均应与建设单位和施工单位协商。

6.5.4　项目监理机构批准工程延期应同时满足下列条件：

1　施工单位在施工合同约定的期限内提出工程延期。

2　因非施工单位原因造成施工进度滞后。

3　施工进度滞后影响到施工合同约定的工期。

6.5.5　施工单位因工程延期提出费用索赔时，项目监理机构可按施工合同约定进行处理。

6.5.6　发生工期延误时，项目监理机构应按施工合同约定进行处理。

6.6　施工合同争议

6.6.1　项目监理机构处理施工合同争议时应进行下列工作：

1　了解合同争议情况。

2　及时与合同争议双方进行磋商。

3　提出处理方案后，由总监理工程师进行协调。

4　当双方未能达成一致时，总监理工程师应提出处理合同争议的意见。

6.6.2　项目监理机构在施工合同争议处理过程中，对未达到施工合同约定的暂停履行合同条件的，应要求施工合同双方继续履行合同。

6.6.3　在施工合同争议的仲裁或诉讼过程中，项目监理机构应按仲裁机关或法院要求提供与争议有关的证据。

6.7　施工合同解除

6.7.1　因建设单位原因导致施工合同解除时，项目监理机构应按施工合同约定与建设单位和施工单位按下列款项协商确定施工单位应得款项，并应签发工程款支付证书：

1　施工单位按施工合同约定已完成的工作应得款项。

2　施工单位按批准的采购计划订购工程材料、构配件、设备的款项。

3　施工单位撤离施工设备至原基地或其他目的地的合理费用。

4　施工单位人员的合理遣返费用。

5　施工单位合理的利润补偿。

6　施工合同约定的建设单位应支付的违约金。

6.7.2　因施工单位原因导致施工合同解除时，项目监理机构应按施工合同约定，从下列款项中确定施工单位应得款项或偿还建设单位的款项，并应与建设单位和施工单位协商后，书面提交施工单位应得款项或偿还建设单位款项的证明：

1 施工单位已按施工合同约定实际完成的工作应得款项和已给付的款项。

2 施工单位已提供的材料、构配件、设备和临时工程等的价值。

3 对已完工程进行检查和验收、移交工程资料、修复已完工程质量缺陷等所需的费用。

4 施工合同约定的施工单位应支付的违约金。

6.7.3 因非建设单位、施工单位原因导致施工合同解除时，项目监理机构应按施工合同约定处理合同解除后的有关事宜。

7 监理文件资料管理

7.1 一般规定

7.1.1 项目监理机构应建立完善监理文件资料管理制度，宜设专人管理监理文件资料。

7.1.2 项目监理机构应及时、准确、完整地收集、整理、编制、传递监理文件资料。

7.1.3 项目监理机构宜采用信息技术进行监理文件资料管理。

7.2 监理文件资料内容

7.2.1 监理文件资料应包括下列主要内容：

1 勘察设计文件、建设工程监理合同及其他合同文件。

2 监理规划、监理实施细则。

3 设计交底和图纸会审会议纪要。

4 施工组织设计、(专项)施工方案、施工进度计划报审文件资料。

5 分包单位资格报审文件资料。

6 施工控制测量成果报验文件资料。

7 总监理工程师任命书，工程开工令、暂停令、复工令，开工或复工报审文件资料。

8 工程材料、构配件、设备报验文件资料。

9 见证取样和平行检验文件资料。

10 工程质量检查报验资料及工程有关验收资料。

11 工程变更、费用索赔及工程延期文件资料。

12 工程计量、工程款支付文件资料。

13 监理通知单、工作联系单与监理报告。

14 第一次工地会议、监理例会、专题会议等会议纪要。

15 监理月报、监理日志、旁站记录。

16 工程质量或生产安全事故处理文件资料。

17 工程质量评估报告及竣工验收监理文件资料。

18 监理工作总结。

7.2.2 监理日志应包括下列主要内容：

1 天气和施工环境情况。

2 当日施工进展情况。

3 当日监理工作情况，包括旁站、巡视、见证取样、平行检验等情况。

4 当日存在的问题及处理情况。

5 其他有关事项。

7.2.3 监理月报应包括下列主要内容：

1 本月工程实施情况。

2 本月监理工作情况。

3 本月施工中存在的问题及处理情况。

4 下月监理工作重点。

7.2.4 监理工作总结应包括下列主要内容：

1 工程概况。

2 项目监理机构。

3 建设工程监理合同履行情况。

4 监理工作成效。

5 监理工作中发现的问题及其处理情况。

6 说明和建议。

7.3 监理文件资料归档

7.3.1 项目监理机构应及时整理、分类汇总监理文件资料，并应按规定组卷，形成监理档案。

7.3.2 工程监理单位应根据工程特点和有关规定，保存监理档案，并应向有关单位、部门移交需要存档的监理文件资料。

8 设备采购与设备监造

8.1 一般规定

8.1.1 项目监理机构应根据建设工程监理合同约定的设备采购与设备监造工作内容配备监理人员，以及明确岗位职责。

8.1.2 项目监理机构应编制设备采购与设备监造工作计划，并应协助建设单位编制设备采购与设备监造方案。

8.2 设备采购

8.2.1 采用招标方式进行设备采购时，项目监理机构应协助建设单位按有关规定组织设备采购招标。采用其他方式进行设备采购时，项目监理机构应协助建设单位进行询价。

8.2.2 项目监理机构应协助建设单位进行设备采购合同谈判，并应协助签订设备采购合同。

8.2.3 设备采购文件资料应包括下列主要内容：

1 建设工程监理合同及设备采购合同。

2 设备采购招投标文件。

3 工程设计文件和图纸。

4 市场调查、考察报告。

5 设备采购方案。

6 设备采购工作总结。

8.3 设备监造

8.3.1 项目监理机构应检查设备制造单位的质量管理体系，并应审查设备制造单位报送的设备制造生产计划和工艺方案。

8.3.2 项目监理机构应审查设备制造的检验计划和检验要求，并应确认各阶段的检验时间、内容、方法、标准，以及检测手段、检测设备和仪器。

8.3.3 专业监理工程师应审查设备制造的原材料、外购配套件、元器件、标准件、以及坯料的质量证明文件及检验报告，并应审查设备制造单位提交的报验资料，符合规定时应予以签认。

8.3.4 项目监理机构应对设备制造过程进行监督和检查，对主要及关键零部件的制造工序应进行抽检。

8.3.5 项目监理机构应要求设备制造单位按批准的检验计划和检验要求进行设备制造过程的检验工作，并应做好检验记录。项目监理机构应对检验结果进行审核，认为不符合质量要求时，应要求设备制造单位进行整改、返修或返工。当发生质量失控或重大质量事故时，应由总监理工程师签发暂停令，提出处理意见，并应及时报告建设单位。

8.3.6 项目监理机构应检查和监督设备的装配过程。

8.3.7 在设备制造过程中如需要对设备的原设计进行变更时，项目监理机构应审查设计变更，并应协调处理因变更引起的费用和工期调整，同时应报建设单位批准。

8.3.8 项目监理机构应参加设备整机性能检测、调试和出厂验收，符合要求后应予以签认。

8.3.9 在设备运往现场前，项目监理机构应检查设备制造单位对待运设备采取的防护和包装措施，并应检查是否符合运输、装卸、储存、安装的要求，以及随机文件、装箱单和附件是否齐全。

8.3.10 设备运到现场后，项目监理机构应参加由设备制造单位按合同约定与接收单位的交接工作。

8.3.11 专业监理工程师应按设备制造合同的约定审查设备制造单位提交的付款申请，提出审查意见，并应由总监理工程师审核后签发支付证书。

8.3.12 专业监理工程师应审查设备制造单位提出的索赔文件，提出意见后报总监理工程师，并应由总监理工程师与建设单位、设备制造单位协商一致后签署意见。

8.3.13 专业监理工程师应审查设备制造单位报送的设备制造结算文件，提出审查意见，并应由总监理工程师签署意见后报建设单位。

8.3.14 设备监造文件资料应包括下列主要内容：

1 建设工程监理合同及设备采购合同。

2 设备监造工作计划。

3 设备制造工艺方案报审资料。

4 设备制造的检验计划和检验要求。

5 分包单位资格报审资料。

6 原材料、零配件的检验报告。

7 工程暂停令、开工或复工报审资料。

8 检验记录及试验报告。

9 变更资料。

10 会议纪要。

11 来往函件。

12　监理通知单与工作联系单。

13　监理日志。

14　监理月报。

15　质量事故处理文件。

16　索赔文件。

17　设备验收文件

18　设备交接文件。

19　支付证书和设备制造结算审核文件。

20　设备监造工作总结。

9　相关服务

9.1　一般规定

9.1.1　工程监理单位应根据建设工程监理合同约定的相关服务范围，开展相关服务工作，以及编制相关服务工作计划。

9.1.2　工程监理单位应按规定汇总整理、分类归档相关服务工作的文件资料。

9.2　工程勘察设计阶段服务

9.2.1　工程监理单位应协助建设单位编制工程勘察设计任务书和选择工程勘察设计单位，并应协助签订工程勘察设计合同。

9.2.2　工程监理单位应审查勘察单位提交的勘察方案，提出审查意见，并应报建设单位。变更勘察方案时，应按原程序重新审查。

勘察方案报审表可按本规范表 B.0.1 的要求填写。

9.2.3　工程监理单位应检查勘察现场及室内试验主要岗位操作人员的资格、所使用设备、仪器计量的检定情况。

9.2.4　工程监理单位应检查勘察进度计划执行情况、督促勘察单位完成勘察合同约定的工作内容、审核勘察单位提交的勘察费用支付申请表，以及签发勘察费用支付证书，并应报建设单位。

工程勘察阶段的监理通知单可按本规范表 A.0.3 的要求填写；监理通知回复单可按本规范表 B.0.9 的要求填写；勘察费用支付申请表可按本规范表 B.0.11 的要求填写；勘察费用支付证书可按本规范表 A.0.8 的要求填写。

9.2.5　工程监理单位应检查勘察单位执行勘察方案的情况，对重要点位的勘探与测试应进行现场检查。

9.2.6　工程监理单位应审查勘察单位提交的勘察成果报告，并应向建设单位提交勘察成果评估报告，同时应参与勘察成果验收。

勘察成果评估报告应包括下列内容：

1　勘察工作概况。

2　勘察报告编制深度、与勘察标准的符合情况。

3　勘察任务书的完成情况。

4　存在问题及建议。

5　评估结论。

9.2.7 勘察成果报审表可按本规范表 B.0.7 的要求填写。

9.2.8 工程监理单位应依据设计合同及项目总体计划要求审查各专业、各阶段设计进度计划。

9.2.9 工程监理单位应检查设计进度计划执行情况、督促设计单位完成设计合同约定的工作内容、审核设计单位提交的设计费用支付申请表，以及签认设计费用支付证书，并应报建设单位。

工程设计阶段的监理通知单可按本规范表 A.0.3 的要求填写；监理通知回复单可按本规范表 B.0.9 的要求填写；设计费用支付报审表可按本规范表 B.0.11 的要求填写；设计费用支付证书可按本规范表 A.0.8 的要求填写。

9.2.10 工程监理单位应审查设计单位提交的设计成果，并应提出评估报告。评估报告应包括下列主要内容：

1 设计工作概况。

2 设计深度、与设计标准的符合情况。

3 设计任务书的完成情况。

4 有关部门审查意见的落实情况。

5 存在的问题及建议。

9.2.11 设计阶段成果报审表可按本规范表 B.0.7 的要求填写。

9.2.12 工程监理单位应审查设计单位提出的新材料、新工艺、新技术、新设备在相关部门的备案情况。必要时应协助建设单位组织专家评审。

9.2.13 工程监理单位应审查设计单位提出的设计概算、施工图预算，提出审查意见，并应报建设单位。

9.2.14 工程监理单位应分析可能发生索赔的原因，并应制定防范对策。

9.2.15 工程监理单位应协助建设单位组织专家对设计成果进行评审。

9.2.16 工程监理单位可协助建设单位问政府有关部门报审有关工程设计文件，并应根据审批意见，督促设计单位予以完善。

9.2.17 工程监理单位应根据勘察设计合同，协调处理勘察设计延期、费用索赔等事宜。

勘察设计延期报审表可按本规范表 B.0.14 的要求填写；勘察设计费用索赔报审表可按本规范表 B.0.13 的要求填写。

9.3 工程保修阶段服务

9.3.1 承担工程保修阶段的服务工作时，工程监理单位应定期回访。

9.3.2 对建设单位或使用单位提出的工程质量缺陷，工程监理单位应安排监理人员进行检查和记录，并应要求施工单位予以修复，同时应监督实施，合格后应予以签认。

9.3.3 工程监理单位应对工程质量缺陷原因进行调查，并应与建设单位、施工单位协商确定责任归属。对非施工单位原因造成的工程质量缺陷，应核实施工单位申报的修复工程费用，并应签认工程款支付证书，同时应报建设单位。

附录 A 工程监理单位用表

表 A.0.1 总监理工程师任命书

表 A.0.2 工程开工令

附录 2 《建设工程监理合同(示范文本)》(GF-2012-0202)

第一部分 协议书

委托人(全称):_____

监理人(全称):_____

根据《中华人民共和国民法典》、《中华人民共和国建筑法》及其他有关法律、法规,遵循平等、自愿、公平和诚信的原则,双方就下述工程委托监理与相关服务事项协商一致,订立本合同。

一、工程概况

1. 工程名称:_____;
2. 工程地点:_____;
3. 工程规模:_____;
4. 工程概算投资额或建筑安装工程费:_____。

二、词语限定

协议书中相关词语的含义与通用条件中的定义与解释相同。

三、组成本合同的文件

1. 协议书;
2. 中标通知书(适用于招标工程)或委托书(适用于非招标工程);
3. 投标文件(适用于招标工程)或监理与相关服务建议书(适用于非招标工程);
4. 专用条件;
5. 通用条件;
6. 附录,即:

附录 A 相关服务的范围和内容
附录 B 委托人派遣的人员和提供的房屋、资料、设备
本合同签订后,双方依法签订的补充协议也是本合同文件的组成部分。

四、总监理工程师

总监理工程师姓名:_____,身份证号码:_____,注册号:_____。

五、签约酬金

签约酬金(大写):_____(¥_____)。

包括:

1. 监理酬金：_____。

2. 相关服务酬金：_____。

其中：

(1)勘察阶段服务酬金：_____。

(2)设计阶段服务酬金：_____。

(3)保修阶段服务酬金：_____。

(4)其他相关服务酬金：_____。

六、期限

1. 监理期限：

自_____年___月___日始，至_____年___月___日止。

2. 相关服务期限：

(1)勘察阶段服务期限自_____年___月___日始，至_____年___月___日止。

(2)设计阶段服务期限自_____年___月___日始，至_____年___月___日止。

(3)保修阶段服务期限自_____年___月___日始，至_____年___月___日止。

(4)其他相关服务期限自_____年___月___日始，至_____年___月___日止。

七、双方承诺

1. 监理人向委托人承诺，按照本合同约定提供监理与相关服务。

2. 委托人向监理人承诺，按照本合同约定派遣相应的人员，提供房屋、资料、设备，并按本合同约定支付酬金。

八、合同订立

1. 订立时间：_____年_____月_____日。

2. 订立地点：_____。

3. 本合同一式____份，具有同等法律效力，双方各执____份。

委托人：____（盖章）____	监理人：____（盖章）____
住所：_____	住所：_____
邮政编码：_____	邮政编码：_____
法定代表人或其授权	法定代表人或其授权
的代理人：____（签字）____	的代理人：____（签字）____
开户银行：_____	开户银行：_____
账号：_____	账号：_____
电话：_____	电话：_____
传真：_____	传真：_____
电子邮箱：_____	电子邮箱：_____

第二部分　通用条件

1. 定义与解释

1.1 定义

除根据上下文另有其意义外，组成本合同的全部文件中的下列名词和用语应具有本款所赋予的含义：

1.1.1 "工程"是指按照本合同约定实施监理与相关服务的建设工程。

1.1.2 "委托人"是指本合同中委托监理与相关服务的一方，及其合法的继承人或受让人。

1.1.3 "监理人"是指本合同中提供监理与相关服务的一方，及其合法的继承人。

1.1.4 "承包人"是指在工程范围内与委托人签订勘察、设计、施工等有关合同的当事人，及其合法的继承人。

1.1.5 "监理"是指监理人受委托人的委托，依照法律法规、工程建设标准、勘察设计文件及合同，在施工阶段对建设工程质量、进度、造价进行控制，对合同、信息进行管理，对工程建设相关方的关系进行协调，并履行建设工程安全生产管理法定职责的服务活动。

1.1.6 "相关服务"是指监理人受委托人的委托，按照本合同约定，在勘察、设计、保修等阶段提供的服务活动。

1.1.7 "正常工作"指本合同订立时通用条件和专用条件中约定的监理人的工作。

1.1.8 "附加工作"是指本合同约定的正常工作以外监理人的工作。

1.1.9 "项目监理机构"是指监理人派驻工程负责履行本合同的组织机构。

1.1.10 "总监理工程师"是指由监理人的法定代表人书面授权，全面负责履行本合同、主持项目监理机构工作的注册监理工程师。

1.1.11 "酬金"是指监理人履行本合同义务，委托人按照本合同约定给付监理人的金额。

1.1.12 "正常工作酬金"是指监理人完成正常工作，委托人应给付监理人并在协议书中载明的签约酬金额。

1.1.13 "附加工作酬金"是指监理人完成附加工作，委托人应给付监理人的金额。

1.1.14 "一方"是指委托人或监理人；"双方"是指委托人和监理人；"第三方"是指除委托人和监理人以外的有关方。

1.1.15 "书面形式"是指合同书、信件和数据电文（包括电报、电传、传真、电子数据交换和电子邮件）等可以有形地表现所载内容的形式。

1.1.16 "天"是指第一天零时至第二天零时的时间。

1.1.17 "月"是指按公历从一个月中任何一天开始的一个公历月时间。

1.1.18 "不可抗力"是指委托人和监理人在订立本合同时不可预见，在工程施工过程中不可避免发生并不能克服的自然灾害和社会性突发事件，如地震、海啸、瘟疫、水灾、骚乱、暴动、战争和专用条件约定的其他情形。

1.2 解释

1.2.1 本合同使用中文书写、解释和说明。如专用条件约定使用两种及以上语言文字时,应以中文为准。

1.2.2 组成本合同的下列文件彼此应能相互解释、互为说明。除专用条件另有约定外,本合同文件的解释顺序如下:

(1)协议书;

(2)中标通知书(适用于招标工程)或委托书(适用于非招标工程);

(3)专用条件及附录 A、附录 B;

(4)通用条件;

(5)投标文件(适用于招标工程)或监理与相关服务建议书(适用于非招标工程)。

双方签订的补充协议与其他文件发生矛盾或歧义时,属于同一类内容的文件,应以最新签署的为准。

2. 监理人的义务

2.1 监理的范围和工作内容

2.1.1 监理范围在专用条件中约定。

2.1.2 除专用条件另有约定外,监理工作内容包括:

(1)收到工程设计文件后编制监理规划,并在第一次工地会议 7 天前报委托人。根据有关规定和监理工作需要,编制监理实施细则;

(2)熟悉工程设计文件,并参加由委托人主持的图纸会审和设计交底会议;

(3)参加由委托人主持的第一次工地会议;主持监理例会并根据工程需要主持或参加专题会议;

(4)审查施工承包人提交的施工组织设计,重点审查其中的质量安全技术措施、专项施工方案与工程建设强制性标准的符合性;

(5)检查施工承包人工程质量、安全生产管理制度及组织机构和人员资格;

(6)检查施工承包人专职安全生产管理人员的配备情况;

(7)审查施工承包人提交的施工进度计划,核查承包人对施工进度计划的调整;

(8)检查施工承包人的试验室;

(9)审核施工分包人资质条件;

(10)查验施工承包人的施工测量放线成果;

(11)审查工程开工条件,对条件具备的签发开工令;

(12)审查施工承包人报送的工程材料、构配件、设备质量证明文件的有效性和符合性,并按规定对用于工程的材料采取平行检验或见证取样方式进行抽检;

(13)审核施工承包人提交的工程款支付申请,签发或出具工程款支付证书,并报委托人审核、批准;

(14)在巡视、旁站和检验过程中,发现工程质量、施工安全存在事故隐患的,要求施工承包人整改并报委托人;

(15)经委托人同意,签发工程暂停令和复工令;

(16)审查施工承包人提交的采用新材料、新工艺、新技术、新设备的论证材料及相关验收标准;

(17)验收隐蔽工程、分部分项工程;

（18）审查施工承包人提交的工程变更申请，协调处理施工进度调整、费用索赔、合同争议等事项；

（19）审查施工承包人提交的竣工验收申请，编写工程质量评估报告；

(20)参加工程竣工验收，签署竣工验收意见；

(21)审查施工承包人提交的竣工结算申请并报委托人；

(22)编制、整理工程监理归档文件并报委托人。

2.1.3 相关服务的范围和内容在附录 A 中约定。

2.2 监理与相关服务依据

2.2.1 监理依据包括：

(1)适用的法律、行政法规及部门规章；

(2)与工程有关的标准；

(3)工程设计及有关文件；

(4)本合同及委托人与第三方签订的与实施工程有关的其他合同。

双方根据工程的行业和地域特点，在专用条件中具体约定监理依据。

2.2.2 相关服务依据在专用条件中约定。

2.3 项目监理机构和人员

2.3.1 监理人应组建满足工作需要的项目监理机构，配备必要的检测设备。项目监理机构的主要人员应具有相应的资格条件。

2.3.2 本合同履行过程中，总监理工程师及重要岗位监理人员应保持相对稳定，以保证监理工作正常进行。

2.3.3 监理人可根据工程进展和工作需要调整项目监理机构人员。监理人更换总监理工程师时，应提前 7 天向委托人书面报告，经委托人同意后方可更换；监理人更换项目监理机构其他监理人员，应以相当资格与能力的人员替换，并通知委托人。

2.3.4 监理人应及时更换有下列情形之一的监理人员：

(1)严重过失行为的；

(2)有违法行为不能履行职责的；

(3)涉嫌犯罪的；

(4)不能胜任岗位职责的；

(5)严重违反职业道德的；

(6)专用条件约定的其他情形。

2.3.5 委托人可要求监理人更换不能胜任本职工作的项目监理机构人员。

2.4 履行职责

监理人应遵循职业道德准则和行为规范，严格按照法律法规、工程建设有关标准及本合同履行职责。

2.4.1 在监理与相关服务范围内，委托人和承包人提出的意见和要求，监理人应及时提出处置意见。当委托人与承包人之间发生合同争议时，监理人应协助委托人、承包人协商解决。

2.4.2 当委托人与承包人之间的合同争议提交仲裁机构仲裁或人民法院审理时，监理人应提供必要的证明资料。

2.4.3 监理人应在专用条件约定的授权范围内，处理委托人与承包人所签订合同的变更事宜。如果变更超过授权范围，应以书面形式报委托人批准。

在紧急情况下，为了保护财产和人身安全，监理人所发出的指令未能事先报委托人批准时，应在发出指令后的 24 小时内以书面形式报委托人。

2.4.4 除专用条件另有约定外，监理人发现承包人的人员不能胜任本职工作的，有权要求承包人予以调换。

2.5 提交报告

监理人应按专用条件约定的种类、时间和份数向委托人提交监理与相关服务的报告。

2.6 文件资料

在本合同履行期内，监理人应在现场保留工作所用的图纸、报告及记录监理工作的相关文件。工程竣工后，应当按照档案管理规定将监理有关文件归档。

2.7 使用委托人的财产

监理人无偿使用附录 B 中由委托人派遣的人员和提供的房屋、资料、设备。除专用条件另有约定外，委托人提供的房屋、设备属于委托人的财产，监理人应妥善使用和保管，在本合同终止时将这些房屋、设备的清单提交委托人，并按专用条件约定的时间和方式移交。

3. 委托人的义务

3.1 告知

委托人应在委托人与承包人签订的合同中明确监理人、总监理工程师和授予项目监理机构的权限。如有变更，应及时通知承包人。

3.2 提供资料

委托人应按照附录 B 约定，无偿向监理人提供工程有关的资料。在本合同履行过程中，委托人应及时向监理人提供最新的与工程有关的资料。

3.3 提供工作条件

委托人应为监理人完成监理与相关服务提供必要的条件。

3.3.1 委托人应按照附录 B 约定，派遣相应的人员，提供房屋、设备，供监理人无偿使用。

3.3.2 委托人应负责协调工程建设中所有外部关系，为监理人履行本合同提供必要的外部条件。

3.4 委托人代表

委托人应授权一名熟悉工程情况的代表，负责与监理人联系。委托人应在双方签订本合同后 7 天内，将委托人代表的姓名和职责书面告知监理人。当委托人更换委托人代表时，应提前 7 天通知监理人。

3.5 委托人意见或要求

在本合同约定的监理与相关服务工作范围内，委托人对承包人的任何意见或要求应通知监理人，由监理人向承包人发出相应指令。

3.6 答复

委托人应在专用条件约定的时间内，对监理人以书面形式提交并要求作出决定的事宜，给予书面答复。逾期未答复的，视为委托人认可。

3.7 支付

委托人应按本合同约定, 向监理人支付酬金。

4. 违约责任

4.1 监理人的违约责任

监理人未履行本合同义务的, 应承担相应的责任。

4.1.1 因监理人违反本合同约定给委托人造成损失的, 监理人应当赔偿委托人损失。赔偿金额的确定方法在专用条件中约定。监理人承担部分赔偿责任的, 其承担赔偿金额由双方协商确定。

4.1.2 监理人向委托人的索赔不成立时, 监理人应赔偿委托人由此发生的费用。

4.2 委托人的违约责任

委托人未履行本合同义务的, 应承担相应的责任。

4.2.1 委托人违反本合同约定造成监理人损失的, 委托人应予以赔偿。

4.2.2 委托人向监理人的索赔不成立时, 应赔偿监理人由此引起的费用。

4.2.3 委托人未能按期支付酬金超过 28 天, 应按专用条件约定支付逾期付款利息。

4.3 除外责任

因非监理人的原因, 且监理人无过错, 发生工程质量事故、安全事故、工期延误等造成的损失, 监理人不承担赔偿责任。

因不可抗力导致本合同全部或部分不能履行时, 双方各自承担其因此而造成的损失、损害。

5. 支付

5.1 支付货币

除专用条件另有约定外, 酬金均以人民币支付。涉及外币支付的, 所采用的货币种类、比例和汇率在专用条件中约定。

5.2 支付申请

监理人应在本合同约定的每次应付款时间的 7 天前, 向委托人提交支付申请书。支付申请书应当说明当期应付款总额, 并列出当期应支付的款项及其金额。

5.3 支付酬金

支付的酬金包括正常工作酬金、附加工作酬金、合理化建议奖励金额及费用。

5.4 有争议部分的付款

委托人对监理人提交的支付申请书有异议时, 应当在收到监理人提交的支付申请书后 7 天内, 以书面形式向监理人发出异议通知。无异议部分的款项应按期支付, 有异议部分的款项按第 7 条约定办理。

6. 合同生效、变更、暂停、解除与终止

6.1 生效

除法律另有规定或者专用条件另有约定外, 委托人和监理人的法定代表人或其授权代理人在协议书上签字并盖单位章后本合同生效。

6.2 变更

6.2.1 任何一方提出变更请求时,双方经协商一致后可进行变更。

6.2.2 除不可抗力外,因非监理人原因导致监理人履行合同期限延长、内容增加时,监理人应当将此情况与可能产生的影响及时通知委托人。增加的监理工作时间、工作内容应视为附加工作。附加工作酬金的确定方法在专用条件中约定。

6.2.3 合同生效后,如果实际情况发生变化使得监理人不能完成全部或部分工作时,监理人应立即通知委托人。除不可抗力外,其善后工作以及恢复服务的准备工作应为附加工作,附加工作酬金的确定方法在专用条件中约定。监理人用于恢复服务的准备时间不应超过28天。

6.2.4 合同签订后,遇有与工程相关的法律法规、标准颁布或修订的,双方应遵照执行。由此引起监理与相关服务的范围、时间、酬金变化的,双方应通过协商进行相应调整。

6.2.5 因非监理人原因造成工程概算投资额或建筑安装工程费增加时,正常工作酬金应作相应调整。调整方法在专用条件中约定。

6.2.6 因工程规模、监理范围的变化导致监理人的正常工作量减少时,正常工作酬金应作相应调整。调整方法在专用条件中约定。

6.3 暂停与解除

除双方协商一致可以解除本合同外,当一方无正当理由未履行本合同约定的义务时,另一方可以根据本合同约定暂停履行本合同直至解除本合同。

6.3.1 在本合同有效期内,由于双方无法预见和控制的原因导致本合同全部或部分无法继续履行或继续履行已无意义,经双方协商一致,可以解除本合同或监理人的部分义务。在解除之前,监理人应作出合理安排,使开支减至最小。

因解除本合同或解除监理人的部分义务导致监理人遭受的损失,除依法可以免除责任的情况外,应由委托人予以补偿,补偿金额由双方协商确定。

解除本合同的协议必须采取书面形式,协议未达成之前,本合同仍然有效。

6.3.2 在本合同有效期内,因非监理人的原因导致工程施工全部或部分暂停,委托人可通知监理人要求暂停全部或部分工作。监理人应立即安排停止工作,并将开支减至最小。除不可抗力外,由此导致监理人遭受的损失应由委托人予以补偿。

暂停部分监理与相关服务时间超过182天,监理人可发出解除本合同约定的该部分义务的通知;暂停全部工作时间超过182天,监理人可发出解除本合同的通知,本合同自通知到达委托人时解除。委托人应将监理与相关服务的酬金支付至本合同解除日,且应承担第4.2款约定的责任。

6.3.3 当监理人无正当理由未履行本合同约定的义务时,委托人应通知监理人限期改正。若委托人在监理人接到通知后的7天内未收到监理人书面形式的合理解释,则可在7天内发出解除本合同的通知,自通知到达监理人时本合同解除。委托人应将监理与相关服务的酬金支付至限期改正通知到达监理人之日,但监理人应承担第4.1款约定的责任。

6.3.4 监理人在专用条件5.3中约定的支付之日起28天后仍未收到委托人按本合同约定应付的款项,可向委托人发出催付通知。委托人接到通知14天后仍未支付或未提出监理人可以接受的延期支付安排,监理人可向委托人发出暂停工作的通知并可自行暂停全部或部分工作。暂停工作后14天内监理人仍未获得委托人应付酬金或委托人的合理答复,监理人可向委托人发出解除本合同的通知,自通知到达委托人时本合同解除。委托人应承担第4.2.3款约定的责任。

6.3.5 因不可抗力致使本合同部分或全部不能履行时,一方应立即通知另一方,可暂停或解除本合同。

6.3.6 本合同解除后,本合同约定的有关结算、清理、争议解决方式的条件仍然有效。

6.4 终止

以下条件全部满足时,本合同即告终止:

(1)监理人完成本合同约定的全部工作;

(2)委托人与监理人结清并支付全部酬金。

7. 争议解决

7.1 协商

双方应本着诚信原则协商解决彼此间的争议。

7.2 调解

如果双方不能在14天内或双方商定的其他时间内解决本合同争议,可以将其提交给专用条件约定的或事后达成协议的调解人进行调解。

7.3 仲裁或诉讼

双方均有权不经调解直接向专用条件约定的仲裁机构申请仲裁或向有管辖权的人民法院提起诉讼。

8. 其他

8.1 外出考察费用

经委托人同意,监理人员外出考察发生的费用由委托人审核后支付。

8.2 检测费用

委托人要求监理人进行的材料和设备检测所发生的费用,由委托人支付,支付时间在专用条件中约定。

8.3 咨询费用

经委托人同意,根据工程需要由监理人组织的相关咨询论证会以及聘请相关专家等发生的费用由委托人支付,支付时间在专用条件中约定。

8.4 奖励

监理人在服务过程中提出的合理化建议,使委托人获得经济效益的,双方在专用条件中约定奖励金额的确定方法。奖励金额在合理化建议被采纳后,与最近一期的正常工作酬金同期支付。

8.5 守法诚信

监理人及其工作人员不得从与实施工程有关的第三方处获得任何经济利益。

8.6 保密

双方不得泄露对方申明的保密资料,亦不得泄露与实施工程有关的第三方所提供的保密资料,保密事项在专用条件中约定。

8.7 通知

本合同涉及的通知均应当采用书面形式,并在送达对方时生效,收件人应书面签收。

8.8 著作权

监理人对其编制的文件拥有著作权。

监理人可单独或与他人联合出版有关监理与相关服务的资料。除专用条件另有约定外,如果监理人在本合同履行期间及本合同终止后两年内出版涉及本工程的有关监理与相关服务的资料,应当征得委托人的同意。

第三部分　专用条件

1. 定义与解释

1.2 解释

1.2.1 本合同文件除使用中文外,还可用_____。

1.2.2 约定本合同文件的解释顺序为:_____。

2. 监理人义务

2.1 监理的范围和内容

2.1.1 监理范围包括:_____。

2.1.2 监理工作内容还包括:_____ 。

2.2 监理与相关服务依据

2.2.1 监理依据包括:_____ 。

2.2.2 相关服务依据包括:_____ 。

2.3 项目监理机构和人员

2.3.4 更换监理人员的其他情形:_____ 。

2.4 履行职责

2.4.3 对监理人的授权范围:_____ 。

在涉及工程延期_____天内和(或)金额_____万元内的变更,监理人不需请示委托人即可向承包人发布变更通知。

2.4.4 监理人有权要求承包人调换其人员的限制条件:_____

_____ 。

2.5 提交报告

监理人应提交报告的种类(包括监理规划、监理月报及约定的专项报告)、时间和份数:

_____ 。

2.7 使用委托人的财产

附录 B　中由委托人无偿提供的房屋、设备的所有权属于:_____

_____ 。

监理人应在本合同终止后_____ 天内移交委托人无偿提供的房屋、设备,移交的时间和方式为:_____ 。

3.委托人义务

3.4 委托人代表

委托人代表为：_____。

3.6 答复

委托人同意在_____天内，对监理人书面提交并要求做出决定的事宜给予书面答复。

4.违约责任

4.1 监理人的违约责任

4.1.1 监理人赔偿金额按下列方法确定：

赔偿金=直接经济损失×正常工作酬金÷工程概算投资额(或建筑安装工程费)

4.2 委托人的违约责任

4.2.3 委托人逾期付款利息按下列方法确定：

逾期付款利息=当期应付款总额×银行同期贷款利率×拖延支付天数

5.支付

5.1 支付货币

币种为：_____，比例为：_____，汇率为：_____。

5.3 支付酬金

正常工作酬金的支付：

支付次数	支付时间	支付比例	支付金额(万元)
首付款	本合同签订后7天内		
第二次付款			
第三次付款			
……			
最后付款	监理与相关服务期届满14天内		

6.合同生效、变更、暂停、解除与终止

6.1 生效

本合同生效条件：_____。

6.2 变更

6.2.2 除不可抗力外，因非监理人原因导致本合同期限延长时，附加工作酬金按下列方法确定：

附加工作酬金=本合同期限延长时间(天)×正常工作酬金÷协议书约定的监理与相关服务期限(天)

6.2.3 附加工作酬金按下列方法确定：

附加工作酬金＝善后工作及恢复服务的准备工作时间(天)×正常工作酬金÷协议书约定的监理与相关服务期限(天)

6.2.5 正常工作酬金增加额按下列方法确定：

正常工作酬金增加额＝工程投资额或建筑安装工程费增加额×正常工作酬金÷工程概算投资额(或建筑安装工程费)

6.2.6 因工程规模、监理范围的变化导致监理人的正常工作量减少时，按减少工作量的比例从协议书约定的正常工作酬金中扣减相同比例的酬金。

7. 争议解决

7.2 调解

本合同争议进行调解时，可提交_____进行调解。

7.3 仲裁或诉讼

合同争议的最终解决方式为下列第_____种方式：

(1)提请_____仲裁委员会进行仲裁。

(2)向_____人民法院提起诉讼。

8. 其他

8.2 检测费用

委托人应在检测工作完成后____天内支付检测费用。

8.3 咨询费用

委托人应在咨询工作完成后____天内支付咨询费用。

8.4 奖励

合理化建议的奖励金额按下列方法确定为：

奖励金额＝工程投资节省额×奖励金额的比率；

奖励金额的比率为_____%。

8.6 保密

委托人申明的保密事项和期限：_____。

监理人申明的保密事项和期限：_____。

第三方申明的保密事项和期限：_____。

8.8 著作权

监理人在本合同履行期间及本合同终止后两年内出版涉及本工程的有关监理与相关服务的资料的限制条件：_____

_____。

9.补充条款_____

_____。

附录 A 相关服务的范围和内容

A-1 勘察阶段：_____

_____。

A-2 设计阶段：_____

_____。

A-3 保修阶段：_____

_____。

A-4 其他（专业技术咨询、外部协调工作等）：_____

_____。

附录 B　委托人派遣的人员和提供的房屋、资料、设备

B-1 委托人派遣的人员

名称	数量	工作要求	提供时间
1.工程技术人员			
2.辅助工作人员			
3.其他人员			

B-2 委托人提供的房屋

名称	数量	面积	提供时间
1.办公用房			
2.生活用房			
3.试验用房			
4.样品用房			
用餐及其他生活条件			

B-3 委托人提供的资料

名称	份数	提供时间	备注
1.工程立项文件			
2.工程勘察文件			
3.工程设计及施工图纸			
4.工程承包合同及其他相关合同			
5.施工许可文件			
6.其他文件			

B-4 委托人提供的设备

名称	数量	型号与规格	提供时间
1. 通信设备			
2. 办公设备			
3. 交通工具			
4. 检测和试验设备			

附录3 建设工程质量管理条例

(2000年1月10日国务院第25次常务会议通过 2000年1月30日中华人民共和国国务院令第279号公布 自公布之日起施行)

第一章　总　则

第一条　为了加强对建设工程质量的管理,保证建设工程质量,保护人民生命和财产安全,根据《中华人民共和国建筑法》,制定本条例。

第二条　凡在中华人民共和国境内从事建设工程的新建、扩建、改建等有关活动及实施对建设工程质量监督管理的,必须遵守本条例。

本条例所称建设工程,是指土木工程、建筑工程、线路管道和设备安装工程及装修工程。

第三条　建设单位、勘察单位、设计单位、施工单位、工程监理单位依法对建设工程质量负责。

第四条　县级以上人民政府建设行政主管部门和其他有关部门应当加强对建设工程质量的监督管理。

第五条　从事建设工程活动,必须严格执行基本建设程序,坚持先勘察、后设计、再施工的原则。

县级以上人民政府及其有关部门不得超越权限审批建设项目或者擅自简化基本建设程序。

第六条　国家鼓励采用先进的科学技术和管理方法,提高建设工程质量。

第二章　建设单位的质量责任和义务

第七条　建设单位应当将工程发包给具有相应资质等级的单位。

建设单位不得将建设工程肢解发包。

第八条　建设单位应当依法对工程建设项目的勘察、设计、施工、监理以及与工程建设有关的重要设备、材料等的采购进行招标。

第九条　建设单位必须向有关的勘察、设计、施工、工程监理等单位提供与建设工程有关的原始资料。

原始资料必须真实、准确、齐全。

第十条　建设工程发包单位不得迫使承包方以低于成本的价格竞标，不得任意压缩合理工期。

建设单位不得明示或者暗示设计单位或者施工单位违反工程建设强制性标准，降低建设工程质量。

第十一条　建设单位应当将施工图设计文件报县级以上人民政府建设行政主管部门或者其他有关部门审查。施工图设计文件审查的具体办法，由国务院建设行政主管部门会同国务院其他有关部门制定。(注：2017 年 10 月 7 日公布的国务院令第 687 号将第十一条修改为："建设单位应当将施工图设计文件报县级以上人民政府建设行政主管部门或者其他有关部门审查。施工图设计文件审查的具体办法，由国务院建设主管部门、国务院其他有关部门制定")

施工图设计文件未经审查批准的，不得使用。

第十二条　实行监理的建设工程，建设单位应当委托具有相应资质等级的工程监理单位进行监理，也可以委托具有工程监理相应资质等级并与被监理工程的施工承包单位没有隶属关系或者其他利害关系的该工程的设计单位进行监理。

下列建设工程必须实行监理：

(一)国家重点建设工程；

(二)大中型公用事业工程；

(三)成片开发建设的住宅小区工程；

(四)利用外国政府或者国际组织贷款、援助资金的工程；

(五)国家规定必须实行监理的其他工程。

第十三条　建设单位在领取施工许可证或者开工报告前，应当按照国家有关规定办理工程质量监督手续。(注：2019 年 4 月 23 日公布的国务院令第 714 号将第十三条修改为："建设单位在开工前，应当按照国家有关规定办理工程质量监督手续，工程质量监督手续可以与施工许可证或者开工报告合并办理。")

第十四条　按照合同约定，由建设单位采购建筑材料、建筑构配件和设备的，建设单位应当保证建筑材料、建筑构配件和设备符合设计文件和合同要求。

建设单位不得明示或者暗示施工单位使用不合格的建筑材料、建筑构配件和设备。

第十五条　涉及建筑主体和承重结构变动的装修工程，建设单位应当在施工前委托原设计单位或者具有相应资质等级的设计单位提出设计方案；没有设计方案的，不得施工。

房屋建筑使用者在装修过程中，不得擅自变动房屋建筑主体和承重结构。

第十六条　建设单位收到建设工程竣工报告后，应当组织设计、施工、工程监理等有关单位进行竣工验收。

建设工程竣工验收应当具备下列条件：

(一)完成建设工程设计和合同约定的各项内容；

(二)有完整的技术档案和施工管理资料；

(三)有工程使用的主要建筑材料、建筑构配件和设备的进场试验报告；

（四）有勘察、设计、施工、工程监理等单位分别签署的质量合格文件；

（五）有施工单位签署的工程保修书。

建设工程经验收合格的，方可交付使用。

第十七条　建设单位应当严格按照国家有关档案管理的规定，及时收集、整理建设项目各环节的文件资料，建立、健全建设项目档案，并在建设工程竣工验收后，及时向建设行政主管部门或者其他有关部门移交建设项目档案。

第三章　勘察、设计单位的质量责任和义务

第十八条　从事建设工程勘察、设计的单位应当依法取得相应等级的资质证书，并在其资质等级许可的范围内承揽工程。

禁止勘察、设计单位超越其资质等级许可的范围或者以其他勘察、设计单位的名义承揽工程。禁止勘察、设计单位允许其他单位或者个人以本单位的名义承揽工程。

勘察、设计单位不得转包或者违法分包所承揽的工程。

第十九条　勘察、设计单位必须按照工程建设强制性标准进行勘察、设计，并对其勘察、设计的质量负责。

注册建筑师、注册结构工程师等注册执业人员应当在设计文件上签字，对设计文件负责。

第二十条　勘察单位提供的地质、测量、水文等勘察成果必须真实、准确。

第二十一条　设计单位应当根据勘察成果文件进行建设工程设计。

设计文件应当符合国家规定的设计深度要求，注明工程合理使用年限。

第二十二条　设计单位在设计文件中选用的建筑材料、建筑构配件和设备，应当注明规格、型号、性能等技术指标，其质量要求必须符合国家规定的标准。

除有特殊要求的建筑材料、专用设备、工艺生产线等外，设计单位不得指定生产厂、供应商。

第二十三条　设计单位应当就审查合格的施工图设计文件向施工单位作出详细说明。

第二十四条　设计单位应当参与建设工程质量事故分析，并对因设计造成的质量事故，提出相应的技术处理方案。

第四章　施工单位的质量责任和义务

第二十五条　施工单位应当依法取得相应等级的资质证书，并在其资质等级许可的范围内承揽工程。

禁止施工单位超越本单位资质等级许可的业务范围或者以其他施工单位的名义承揽工程。禁止施工单位允许其他单位或者个人以本单位的名义承揽工程。

施工单位不得转包或者违法分包工程。

第二十六条　施工单位对建设工程的施工质量负责。

施工单位应当建立质量责任制，确定工程项目的项目经理、技术负责人和施工管理负责人。

建设工程实行总承包的，总承包单位应当对全部建设工程质量负责；建设工程勘察、设计、施工、设备采购的一项或者多项实行总承包的，总承包单位应当对其承包的建设工程或

者采购的设备的质量负责。

第二十七条　总承包单位依法将建设工程分包给其他单位的，分包单位应当按照分包合同的约定对其分包工程的质量向总承包单位负责，总承包单位与分包单位对分包工程的质量承担连带责任。

第二十八条　施工单位必须按照工程设计图纸和施工技术标准施工，不得擅自修改工程设计，不得偷工减料。

施工单位在施工过程中发现设计文件和图纸有差错的，应当及时提出意见和建议。

第二十九条　施工单位必须按照工程设计要求、施工技术标准和合同约定，对建筑材料、建筑构配件、设备和商品混凝土进行检验，检验应当有书面记录和专人签字；未经检验或者检验不合格的，不得使用。

第三十条　施工单位必须建立、健全施工质量的检验制度，严格工序管理，作好隐蔽工程的质量检查和记录。隐蔽工程在隐蔽前，施工单位应当通知建设单位和建设工程质量监督机构。

第三十一条　施工人员对涉及结构安全的试块、试件以及有关材料，应当在建设单位或者工程监理单位监督下现场取样，并送具有相应资质等级的质量检测单位进行检测。

第三十二条　施工单位对施工中出现质量问题的建设工程或者竣工验收不合格的建设工程，应当负责返修。

第三十三条　施工单位应当建立、健全教育培训制度，加强对职工的教育培训；未经教育培训或者考核不合格的人员，不得上岗作业。

第五章　工程监理单位的质量责任和义务

第三十四条　工程监理单位应当依法取得相应等级的资质证书，并在其资质等级许可的范围内承担工程监理业务。

禁止工程监理单位超越本单位资质等级许可的范围或者以其他工程监理单位的名义承担工程监理业务。禁止工程监理单位允许其他单位或者个人以本单位的名义承担工程监理业务。

工程监理单位不得转让工程监理业务。

第三十五条　工程监理单位与被监理工程的施工承包单位以及建筑材料、建筑构配件和设备供应单位有隶属关系或者其他利害关系的，不得承担该项建设工程的监理业务。

第三十六条　工程监理单位应当依照法律、法规以及有关技术标准、设计文件和建设工程承包合同，代表建设单位对施工质量实施监理，并对施工质量承担监理责任。

第三十七条　工程监理单位应当选派具备相应资格的总监理工程师和监理工程师进驻施工现场。

未经监理工程师签字，建筑材料、建筑构配件和设备不得在工程上使用或者安装，施工单位不得进行下一道工序的施工。未经总监理工程师签字，建设单位不拨付工程款，不进行竣工验收。

第三十八条　监理工程师应当按照工程监理规范的要求，采取旁站、巡视和平行检验等形式，对建设工程实施监理。

第六章　建设工程质量保修

第三十九条　建设工程实行质量保修制度。

建设工程承包单位在向建设单位提交工程竣工验收报告时，应当向建设单位出具质量保修书。质量保修书中应当明确建设工程的保修范围、保修期限和保修责任等。

第四十条　在正常使用条件下，建设工程的最低保修期限为：

（一）基础设施工程、房屋建筑的地基基础工程和主体结构工程，为设计文件规定的该工程的合理使用年限；

（二）屋面防水工程、有防水要求的卫生间、房间和外墙面的防渗漏，为5年；

（三）供热与供冷系统，为2个采暖期、供冷期；

（四）电气管线、给排水管道、设备安装和装修工程，为2年。

其他项目的保修期限由发包方与承包方约定。

建设工程的保修期，自竣工验收合格之日起计算。

第四十一条　建设工程在保修范围和保修期限内发生质量问题的，施工单位应当履行保修义务，并对造成的损失承担赔偿责任。

第四十二条　建设工程在超过合理使用年限后需要继续使用的，产权所有人应当委托具有相应资质等级的勘察、设计单位鉴定，并根据鉴定结果采取加固、维修等措施，重新界定使用期。

第七章　监督管理

第四十三条　国家实行建设工程质量监督管理制度。

国务院建设行政主管部门对全国的建设工程质量实施统一监督管理。国务院铁路、交通、水利等有关部门按照国务院规定的职责分工，负责对全国的有关专业建设工程质量的监督管理。

县级以上地方人民政府建设行政主管部门对本行政区域内的建设工程质量实施监督管理。县级以上地方人民政府交通、水利等有关部门在各自的职责范围内，负责对本行政区域内的专业建设工程质量的监督管理。

第四十四条　国务院建设行政主管部门和国务院铁路、交通、水利等有关部门应当加强对有关建设工程质量的法律、法规和强制性标准执行情况的监督检查。

第四十五条　国务院发展计划部门按照国务院规定的职责，组织稽查特派员，对国家出资的重大建设项目实施监督检查。

国务院经济贸易主管部门按照国务院规定的职责，对国家重大技术改造项目实施监督检查。

第四十六条　建设工程质量监督管理，可以由建设行政主管部门或者其他有关部门委托的建设工程质量监督机构具体实施。

从事房屋建筑工程和市政基础设施工程质量监督的机构，必须按照国家有关规定经国务院建设行政主管部门或者省、自治区、直辖市人民政府建设行政主管部门考核；从事专业建设工程质量监督的机构，必须按照国家有关规定经国务院有关部门或者省、自治区、直辖市人民政府有关部门考核。经考核合格后，方可实施质量监督。

第四十七条　县级以上地方人民政府建设行政主管部门和其他有关部门应当加强对有关建设工程质量的法律、法规和强制性标准执行情况的监督检查。

第四十八条　县级以上人民政府建设行政主管部门和其他有关部门履行监督检查职责时，有权采取下列措施：

（一）要求被检查的单位提供有关工程质量的文件和资料；

（二）进入被检查单位的施工现场进行检查；

（三）发现有影响工程质量的问题时，责令改正。

第四十九条　建设单位应当自建设工程竣工验收合格之日起15日内，将建设工程竣工验收报告和规划、公安消防、环保等部门出具的认可文件或者准许使用文件报建设行政主管部门或者其他有关部门备案。

建设行政主管部门或者其他有关部门发现建设单位在竣工验收过程中有违反国家有关建设工程质量管理规定行为的，责令停止使用，重新组织竣工验收。

第五十条　有关单位和个人对县级以上人民政府建设行政主管部门和其他有关部门进行的监督检查应当支持与配合，不得拒绝或者阻碍建设工程质量监督检查人员依法执行职务。

第五十一条　供水、供电、供气、公安消防等部门或者单位不得明示或者暗示建设单位、施工单位购买其指定的生产供应单位的建筑材料、建筑构配件和设备。

第五十二条　建设工程发生质量事故，有关单位应当在24小时内向当地建设行政主管部门和其他有关部门报告。对重大质量事故，事故发生地的建设行政主管部门和其他有关部门应当按照事故类别和等级向当地人民政府和上级建设行政主管部门和其他有关部门报告。

特别重大质量事故的调查程序按照国务院有关规定办理。

第五十三条　任何单位和个人对建设工程的质量事故、质量缺陷都有权检举、控告、投诉。

第八章　罚则

第五十四条　违反本条例规定，建设单位将建设工程发包给不具有相应资质等级的勘察、设计、施工单位或者委托给不具有相应资质等级的工程监理单位的，责令改正，处50万元以上100万元以下的罚款。

第五十五条　违反本条例规定，建设单位将建设工程肢解发包的，责令改正，处工程合同价款百分之零点五以上百分之一以下的罚款；对全部或者部分使用国有资金的项目，并可以暂停项目执行或者暂停资金拨付。

第五十六条　违反本条例规定，建设单位有下列行为之一的，责令改正，处20万元以上50万元以下的罚款：

（一）迫使承包方以低于成本的价格竞标的；

（二）任意压缩合理工期的；

（三）明示或者暗示设计单位或者施工单位违反工程建设强制性标准，降低工程质量的；

（四）施工图设计文件未经审查或者审查不合格，擅自施工的；

（五）建设项目必须实行工程监理而未实行工程监理的；

（六）未按照国家规定办理工程质量监督手续的；

（七）明示或者暗示施工单位使用不合格的建筑材料、建筑构配件和设备的；

（八）未按照国家规定将竣工验收报告、有关认可文件或者准许使用文件报送备案的。

第五十七条　违反本条例规定，建设单位未取得施工许可证或者开工报告未经批准，擅自施工的，责令停止施工，限期改正，处工程合同价款百分之一以上百分之二以下的罚款。

第五十八条　违反本条例规定，建设单位有下列行为之一的，责令改正，处工程合同价款百分之二以上百分之四以下的罚款；造成损失的，依法承担赔偿责任：

（一）未组织竣工验收，擅自交付使用的；

（二）验收不合格，擅自交付使用的；

（三）对不合格的建设工程按照合格工程验收的。

第五十九条　违反本条例规定，建设工程竣工验收后，建设单位未向建设行政主管部门或者其他有关部门移交建设项目档案的，责令改正，处 1 万元以上 10 万元以下的罚款。

第六十条　违反本条例规定，勘察、设计、施工、工程监理单位超越本单位资质等级承揽工程的，责令停止违法行为，对勘察、设计单位或者工程监理单位处合同约定的勘察费、设计费或者监理酬金 1 倍以上 2 倍以下的罚款；对施工单位处工程合同价款百分之二以上百分之四以下的罚款，可以责令停业整顿，降低资质等级；情节严重的，吊销资质证书；有违法所得的，予以没收。

未取得资质证书承揽工程的，予以取缔，依照前款规定处以罚款；有违法所得的，予以没收。

以欺骗手段取得资质证书承揽工程的，吊销资质证书，依照本条第一款规定处以罚款；有违法所得的，予以没收。

第六十一条　违反本条例规定，勘察、设计、施工、工程监理单位允许其他单位或者个人以本单位名义承揽工程的，责令改正，没收违法所得，对勘察、设计单位和工程监理单位处合同约定的勘察费、设计费和监理酬金 1 倍以上 2 倍以下的罚款；对施工单位处工程合同价款百分之二以上百分之四以下的罚款；可以责令停业整顿，降低资质等级；情节严重的，吊销资质证书。

第六十二条　违反本条例规定，承包单位将承包的工程转包或者违法分包的，责令改正，没收违法所得，对勘察、设计单位处合同约定的勘察费、设计费百分之二十五以上百分之五十以下的罚款；对施工单位处工程合同价款百分之零点五以上百分之一以下的罚款；可以责令停业整顿，降低资质等级；情节严重的，吊销资质证书。

工程监理单位转让工程监理业务的，责令改正，没收违法所得，处合同约定的监理酬金百分之二十五以上百分之五十以下的罚款；可以责令停业整顿，降低资质等级；情节严重的，吊销资质证书。

第六十三条　违反本条例规定，有下列行为之一的，责令改正，处 10 万元以上 30 万元以下的罚款：

（一）勘察单位未按照工程建设强制性标准进行勘察的；

（二）设计单位未根据勘察成果文件进行工程设计的；

（三）设计单位指定建筑材料、建筑构配件的生产厂、供应商的；

（四）设计单位未按照工程建设强制性标准进行设计的。

有前款所列行为，造成工程质量事故的，责令停业整顿，降低资质等级；情节严重的，吊销资质证书；造成损失的，依法承担赔偿责任。

第六十四条 违反本条例规定，施工单位在施工中偷工减料的，使用不合格的建筑材料、建筑构配件和设备的，或者有不按照工程设计图纸或者施工技术标准施工的其他行为的，责令改正，处工程合同价款百分之二以上百分之四以下的罚款；造成建设工程质量不符合规定的质量标准的，负责返工、修理，并赔偿因此造成的损失；情节严重的，责令停业整顿，降低资质等级或者吊销资质证书。

第六十五条 违反本条例规定，施工单位未对建筑材料、建筑构配件、设备和商品混凝土进行检验，或者未对涉及结构安全的试块、试件以及有关材料取样检测的，责令改正，处10万元以上20万元以下的罚款；情节严重的，责令停业整顿，降低资质等级或者吊销资质证书；造成损失的，依法承担赔偿责任。

第六十六条 违反本条例规定，施工单位不履行保修义务或者拖延履行保修义务的，责令改正，处10万元以上20万元以下的罚款，并对在保修期内因质量缺陷造成的损失承担赔偿责任。

第六十七条 工程监理单位有下列行为之一的，责令改正，处50万元以上100万元以下的罚款，降低资质等级或者吊销资质证书；有违法所得的，予以没收；造成损失的，承担连带赔偿责任：

(一)与建设单位或者施工单位串通，弄虚作假、降低工程质量的；

(二)将不合格的建设工程、建筑材料、建筑构配件和设备按照合格签字的。

第六十八条 违反本条例规定，工程监理单位与被监理工程的施工承包单位以及建筑材料、建筑构配件和设备供应单位有隶属关系或者其他利害关系承担该项建设工程的监理业务的，责令改正，处5万元以上10万元以下的罚款，降低资质等级或者吊销资质证书；有违法所得的，予以没收。

第六十九条 违反本条例规定，涉及建筑主体或者承重结构变动的装修工程，没有设计方案擅自施工的，责令改正，处50万元以上100万元以下的罚款；房屋建筑使用者在装修过程中擅自变动房屋建筑主体和承重结构的，责令改正，处5万元以上10万元以下的罚款。

有前款所列行为，造成损失的，依法承担赔偿责任。

第七十条 发生重大工程质量事故隐瞒不报、谎报或者拖延报告期限的，对直接负责的主管人员和其他责任人员依法给予行政处分。

第七十一条 违反本条例规定，供水、供电、供气、公安消防等部门或者单位明示或者暗示建设单位或者施工单位购买其指定的生产供应单位的建筑材料、建筑构配件和设备的，责令改正。

第七十二条 违反本条例规定，注册建筑师、注册结构工程师、监理工程师等注册执业人员因过错造成质量事故的，责令停止执业1年；造成重大质量事故的，吊销执业资格证书，5年以内不予注册；情节特别恶劣的，终身不予注册。

第七十三条 依照本条例规定，给予单位罚款处罚的，对单位直接负责的主管人员和其他直接责任人员处单位罚款数额百分之五以上百分之十以下的罚款。

第七十四条 建设单位、设计单位、施工单位、工程监理单位违反国家规定，降低工程质量标准，造成重大安全事故，构成犯罪的，对直接责任人员依法追究刑事责任。

第七十五条 本条例规定的责令停业整顿，降低资质等级和吊销资质证书的行政处罚，由颁发资质证书的机关决定；其他行政处罚，由建设行政主管部门或者其他有关部门依照法定职权决定。

依照本条例规定被吊销资质证书的，由工商行政管理部门吊销其营业执照。

第七十六条　国家机关工作人员在建设工程质量监督管理工作中玩忽职守、滥用职权、徇私舞弊，构成犯罪的，依法追究刑事责任；尚不构成犯罪的，依法给予行政处分。

第七十七条　建设、勘察、设计、施工、工程监理单位的工作人员因调动工作、退休等原因离开该单位后，被发现在该单位工作期间违反国家有关建设工程质量管理规定，造成重大工程质量事故的，仍应当依法追究法律责任。

第九章　附则

第七十八条　本条例所称肢解发包，是指建设单位将应当由一个承包单位完成的建设工程分解成若干部分发包给不同的承包单位的行为。

本条例所称违法分包，是指下列行为：

(一)总承包单位将建设工程分包给不具备相应资质条件的单位的；

(二)建设工程总承包合同中未有约定，又未经建设单位认可，承包单位将其承包的部分建设工程交由其他单位完成的；

(三)施工总承包单位将建设工程主体结构的施工分包给其他单位的；

(四)分包单位将其承包的建设工程再分包的。

本条例所称转包，是指承包单位承包建设工程后，不履行合同约定的责任和义务，将其承包的全部建设工程转给他人或者将其承包的全部建设工程肢解以后以分包的名义分别转给其他单位承包的行为。

第七十九条　本条例规定的罚款和没收的违法所得，必须全部上缴国库。

第八十条　抢险救灾及其他临时性房屋建筑和农民自建低层住宅的建设活动，不适用本条例。

第八十一条　军事建设工程的管理，按照中央军事委员会的有关规定执行。

第八十二条　本条例自发布之日起施行。

附：刑法有关条款

第一百三十七条　建设单位、设计单位、施工单位、工程监理单位违反国家规定，降低工程质量标准，造成重大安全事故的，对直接责任人员处五年以下有期徒刑或者拘役，并处罚金；后果特别严重的，处五年以上十年以下有期徒刑，并处罚金。

参考文献

［1］中华人民共和国住房和城乡建设部. 建设工程监理规范 GB/T50319—2013. 北京：中国建筑工业出版社，2013.

［2］中国建设监理协会. 建设工程监理概论. 北京：中国建筑工业出版社，2014.

［3］中国建设监理协会. 建设工程质量控制. 北京：中国建筑工业出版社，2014.

［4］中国建设监理协会. 建设工程进度控制. 北京：中国建筑工业出版社，2014.

［5］中国建设监理协会. 建设工程投资控制. 北京：中国建筑工业出版社，2014.

［6］中国建设监理协会. 建设工程合同管理. 北京：中国建筑工业出版社，2014.

［7］庄民泉. 建设监理概论. 北京：中国电力出版社，2013.

［8］中华人民共和国住房和城乡建设部. 建设工程施工质量验收统一标准 GB/T50319—2013. 北京：中国建筑工业出版社，2013.

图书在版编目（CIP）数据

建设工程监理／朱晓军主编. —长沙：中南大学
出版社，2021.11

ISBN 978-7-5487-4651-5

Ⅰ．①建… Ⅱ．①朱… Ⅲ．①建筑工程－监理工作－
高等职业教育－教材 Ⅳ．①TU712

中国版本图书馆 CIP 数据核字（2021）第 190573 号

建设工程监理

主　编　朱晓军

副主编　周　林　张丽姝

□责任编辑　谭　平

□责任印制　唐　曦

□出版发行　中南大学出版社

　　　　　　社址：长沙市麓山南路　　　　邮编：410083

　　　　　　发行科电话：0731-88876770　　传真：0731-88710482

□印　　装　湖南省众鑫印务有限公司

□开　　本　787 mm×1092 mm 1/16　□印张 14　□字数 352 千字

□版　　次　2021 年 11 月第 1 版　□印次 2021 年 11 月第 1 次印刷

□书　　号　ISBN 978-7-5487-4651-5

□定　　价　38.00 元